JN296857

木材接着の科学

作野友康・高谷政広
梅村研二・藤井一郎 編

集成材をふんだんに使った日南町庁舎全景(鳥取県日南町提供)

海青社

集成材建造物① スポーツセンター
（日本集成材工業協同組合 ㈱中東提供）

集成材建造物② ドーム建築
（日本集成材工業協同組合
齋藤木材工業㈱提供）

集成材・LVL建造物③ ㈱オーシカ中央研究所ロビー（株式会社オーシカ提供）

集成材建造物④ 建築中
（㈱オーシカ提供）

集成材建造物⑤ 波野木橋
（日本集成材工業協同組合
山佐木材㈱提供）

集成材建造物⑥ 南江戸公園連絡歩道橋（日本集成材工業協同組合 齋藤木材工業㈱提供）

Jパネル落とし込み施工作業(上)
Jパネル(挽き板三層クロス構造)(左)
(協同組合レングス提供)

Jパネル施工住宅(協同組合レングス提供)

スギ単板積層材(LVL)製品(左、下)
㈱オロチ提供)

LVLを使ったユニークなベンチ
(上:谷田佳子 作、右:河崎佑佳 作)
(鳥取短期大学 生活学科 住居デザイン専攻提供)

縦継ぎ接着した針葉樹単板

針葉樹合板

北欧材集成材
　上：レッドウッド（アカマツ）
　下：ホワイトウッド（スプルース）

パーティクルボード

スプレッダー(ロールコーター)による接着剤の塗布状況(㈱オーシカ提供)

パーティクルボード用連続プレス機(Dieffenbacher社プレス機、日本ノボパン工業㈱提供)

執筆者紹介 (50音順)

*：編集委員、[ ]：編集担当、( )：執筆担当

UOZAKI Takashi
魚崎 剛志 (第5章第6節)
コニシ(株)研究開発本部 大阪研究所 研究開発第3部 第1グループ

UMEMURA Kenji
*梅村 研二 [第2、3章]（第2章第3節、第3章第2、3節、第5章第1、5節）
京都大学生存圏研究所 循環材料創成分野 助教

OZAKI Shoichi
尾崎 章一 (第5章第3節)
(株)オーシカ 中央研究所 研究開発部 第2研究グループ 主任研究員

KANESHIRO Kenji
兼城 健司 (参考資料)
(株)オーシカ 中央研究所 研究開発部 第2研究グループ 技術主任

KOMATSU Hitoshi
小松 均 (第5章第8節)
(株)オーシカ 中央研究所 研究開発部 第2研究グループ 技術主任

SAIGAN Yuki
西願 雄貴 (第2章第2節)
(株)オーシカ 中央研究所 研究開発部 第1研究グループ 主任研究員

SAKUNO Tomoyasu
*作野 友康 [第1、4章]（第1章第1、2節、第3章第1、4節）
鳥取大学名誉教授

SUZUKI Shigehiko
鈴木 滋彦 (第4章第2節)
静岡大学農学部環境森林科学科 教授

TAKATANI Masahiro
*高谷 政広 [第1、4、6章]（第1章第3節、第4章第1節、第5章第7節）
近畿大学農学部バイオサイエンス学科 教授

TAKAHASHI Hideaki
高橋 英明 (第5章第5節)
ホクシン(株)技術開発部 部長

TOHMURA Shin-ichiro
塔村 真一郎 (第2章第1節)
(独)森林総合研究所 複合材料研究領域 木材接着担当チーム長

HATANO Yasunori
秦野 恭典 (第6章第2節)
(独)森林総合研究所 複合材料研究領域 領域長

HATTORI Kazuo
服部 和生 (第5章第4節)
日本ノボパン工業(株)営業本部 営業企画グループ マネージャー

FUJII Ichiro
*藤井 一郎 [第5章]
(株)オーシカ 中央研究所 所長

MIYAMOTO Kota
宮本 康太 (第6章第1節)
(独)森林総合研究所 複合材料研究領域 積層接着研究室 主任研究員

YOKOYAMA Yasuhiro
横山 泰洋 (第5章第2節)
(株)オーシカ 中央研究所 研究開発部 第1研究グループ 技術主任

まえがき

　今日の木材および木質材料製品の多くが接着加工されたものであり、それらの製品の諸性能は使用される接着剤および接着加工技術の開発・進歩によって、著しく向上してきた。ところが、被着材となる木材は世界各地から輸入された材が多くなって、それらの材質や性状が接着におよぼす影響も複雑になってきている。また、木材と他材料との複合化も一層進んで、それらに伴う新たな接着技術と対応すべき接着剤の開発、改良がなされることとなってきた。しかしながら、当初は接着力や耐久性に関する性能向上に主として力点をおいた開発であったために、接着加工された諸材料の生活環境や製造現場周辺の環境への配慮などが極めて不十分であった。そのため、環境汚染や健康問題を引き起こす原因となってきて、それらに十分な配慮をしなければならなくなってきた。さらに、最近では建築物の解体によって排出される廃材の処理と再資源化・再利用化が厳しく問われ、それらに対処しなければならなくなってきて、これらのことに対する接着加工技術と接着剤の対応が急務となってきて、新たな展開を必要としてきている。

　このような背景のもとに今日、木材の接着に関する知識と情報を総合的にまとめた出版物が求められている折から、編集者一同が相はかって本書を刊行することとなった。これまで、木材の接着に関する書籍としては、合板を初め木材の接着加工工業が急激な発展を遂げつつある1960年代に出版された『木材の接着と接着剤』(森北出版刊)が、当時の木材工業関係者にとってとても有益で貴重な参考書となった。その後、1980年代出版の『木材の接着』(日本木材加工技術協会刊)、1990年代の『木材の接着・接着剤』(産調出版刊)などがそれぞれの時代に対応した専門書として、また教科書として大いに活用されてきた。これらの名著に続いて、木材に関する多くの書籍を出版されている海青社より、これまでの木材接着の基礎を踏まえつつ新たな情報と今日的な課題を盛り込んで編集した本書を出版するものである。執筆者は産、官、学の各界よりそれぞれ

の分野において活躍中であり、特に産業界にあっては企業現場に精通した方々に執筆を依頼した。

　木材工業界はいま他の業界同様に極めて厳しい状況下にあるが、今後の景気回復は木材接着技術の新たな進歩と製品開発に係っているといえる。そのため、接着技術と接着剤のさらなる開発、改良がその起爆剤となることが期待されるところである。ただしそのためには、一層複雑で高度な接着技術とそれに対応する接着剤の開発などが急務となるであろう。そこで、本書が企業現場、公設試験研究機関等で参考書として、あるいは大学等で学生の教科書として利用され、産、官、学各界にお役に立つことができれば幸いである。

　本書の刊行にあたって多大なるご尽力、ご協力いただいた海青社の宮内　久社長ならびに福井将人氏に深謝いたします。

　2009 年 11 月

編集者代表
作　野　友　康

木材接着の科学

| 目　次 |

目 次

まえがき ……………………………………………………………………（作野友康） 1

第1章　木材接着の基礎 ……………………………（作野友康・高谷政広 編集） 9

第1節　接着機構と接着理論 …………………………………………（作野友康） 9
　1.1　接着機構 ………………………………………………………………………9
　1.2　ぬれと接着の原理 ……………………………………………………………12

第2節　木材の種類と構造 ……………………………………………（作野友康） 15
　2.1　用材の需給状況と木材の種類 ………………………………………………15
　2.2　接着加工用材として用いられる主な木材の種類 …………………………17
　2.3　樹幹の構造と木材の切断面 …………………………………………………22
　2.4　細胞構成と断面微細構造 ……………………………………………………24

第3節　木材の物理的および化学的性質 ……………………………（高谷政広） 26
　3.1　密　度 …………………………………………………………………………26
　3.2　木材の含有水分 ………………………………………………………………26
　3.3　異方性 …………………………………………………………………………28
　3.4　木材の強度的性質 ……………………………………………………………29
　3.5　木材の化学組成 ………………………………………………………………31

第2章　木材用接着剤の種類 ……………………………………（梅村研二 編集） 35

第1節　接着剤の分類 …………………………………………………（塔村真一郎） 35
　1.1　主成分による分類 ……………………………………………………………35
　1.2　形状による分類 ………………………………………………………………37
　1.3　固化様式による分類 …………………………………………………………38
　1.4　接着強さによる分類 …………………………………………………………39
　1.5　用途による分類 ………………………………………………………………40
　1.6　被着材による分類 ……………………………………………………………42
　1.7　ホルムアルデヒド放散による区分 …………………………………………42

第2節　主要接着剤の特性と製造方法 ………………………………（西願雄貴） 44
　2.1　エマルジョン系接着剤 ………………………………………………………44
　2.2　合成樹脂系接着剤 ……………………………………………………………48

第3節　その他の接着剤の特性 ………………………………………（梅村研二） 57

3.1　ウレタン樹脂系接着剤 ……………………………………………… 57
　　3.2　アクリル樹脂系接着剤 ……………………………………………… 59
　　3.3　α-オレフィン無水マレイン酸樹脂系接着剤 …………………… 61
　　3.4　エポキシ樹脂系接着剤 ……………………………………………… 62
　　3.5　ホットメルト系接着剤 ……………………………………………… 64
　　3.6　ゴム系接着剤 ………………………………………………………… 65
　　3.7　天然系接着剤 ………………………………………………………… 67

第3章　木材接着の工程と影響する因子 ……………（梅村研二 編集）71
第1節　接着工程 …………………………………………（作野友康）71
　　1.1　被着材の調整 ………………………………………………………… 71
　　1.2　接着剤の選定 ………………………………………………………… 72
　　1.3　接着剤の配合と製糊 ………………………………………………… 72
　　1.4　接着剤の塗布（塗付） ……………………………………………… 73
　　1.5　堆積および圧縮 ……………………………………………………… 74
　　1.6　接着剤の硬化と養生 ………………………………………………… 75
　　1.7　接着層の形成と破壊 ………………………………………………… 75
第2節　木材に関する因子 ………………………………（梅村研二）77
　　2.1　樹種と密度 …………………………………………………………… 77
　　2.2　抽出成分 ……………………………………………………………… 80
　　2.3　ぬれ・湿潤性 ………………………………………………………… 81
　　2.4　含水率 ………………………………………………………………… 82
　　2.5　表面の平滑度 ………………………………………………………… 83
　　2.6　繊維走向 ……………………………………………………………… 84
　　2.7　その他 ………………………………………………………………… 85
第3節　接着剤に関する因子 ……………………………（梅村研二）87
　　3.1　接着剤の性能 ………………………………………………………… 87
　　3.2　粘　度 ………………………………………………………………… 89
　　3.3　pH …………………………………………………………………… 90
　　3.4　硬化度 ………………………………………………………………… 91

3.5　その他(極性、分子量) ……………………………………………… 92
　第4節　接着操作に関する因子 ………………………………(作野友康) 94
　　4.1　接着剤の配合 ……………………………………………………… 94
　　4.2　接着剤の塗布量 …………………………………………………… 94
　　4.3　堆積時間 …………………………………………………………… 95
　　4.4　圧締と接着層厚さ ………………………………………………… 96
　　4.5　硬化(固化)温度と圧締時間 ……………………………………… 97

第4章　木材接着の性能評価と耐久性 …………(作野友康・高谷政広 編集) 99
　第1節　接着性評価 ……………………………………………(高谷政広) 99
　　1.1　JAS および JIS の処理条件と対応性能 ………………………… 99
　　1.2　試験方法 …………………………………………………………… 99
　　1.3　JAS 製品の合格性能値 …………………………………………… 106
　　1.4　JIS 製品の合格性能値 …………………………………………… 108
　　1.5　接着再構成木質材料に関する接着剤の規格 …………………… 109
　第2節　接着耐久性 ……………………………………………(鈴木滋彦) 111
　　2.1　接着耐久性に関与する因子 ……………………………………… 111
　　2.2　耐久性の予測 ……………………………………………………… 114
　　2.3　屋外暴露試験 ……………………………………………………… 117
　　2.4　耐久性評価の変化 ………………………………………………… 119

第5章　木材接着の実用 ………………………………………(藤井一郎 編集) **121**
　第1節　木質材料の種類と特性 ………………………………(梅村研二) 121
　　1.1　木質材料の種類 …………………………………………………… 121
　　1.2　木質材料の性質 …………………………………………………… 123
　　1.3　木質材料の作り方 ………………………………………………… 125
　第2節　合板、LVL ……………………………………………(横山泰洋) 129
　　2.1　合板・LVL とは …………………………………………………… 129
　　2.2　樹　種 ……………………………………………………………… 129
　　2.3　接着剤 ……………………………………………………………… 130
　　2.4　接着性能 …………………………………………………………… 130

2.5　ホルムアルデヒド放散量 ……………………………………131
　　2.6　製造方法 ………………………………………………………131
　第3節　集成材 ……………………………………………（尾崎章一）137
　　3.1　集成材とは ……………………………………………………137
　　3.2　集成材の特徴 …………………………………………………137
　　3.3　集成材の種類 …………………………………………………138
　　3.4　集成材の製造工程 ……………………………………………138
　　3.5　たて継ぎ接着（フィンガージョイント）……………………139
　　3.6　積層接着 ………………………………………………………140
　　3.7　使用できる接着剤 ……………………………………………142
　　3.8　接着剤の種類と作業条件 ……………………………………143
　　3.9　要求される接着性能 …………………………………………145
　　3.10　使用する樹種 …………………………………………………146
　第4節　パーティクルボード ……………………………（服部和生）147
　　4.1　パーティクルボードの定義・分類 …………………………147
　　4.2　パーティクルボードの製造方法 ……………………………147
　　4.3　パーティクルボードの特性 …………………………………150
　　4.4　パーティクルボードの用途 …………………………………151
　第5節　ファイバーボード（繊維板）…………（梅村研二・高橋英明）153
　　5.1　ファイバーボード（繊維板）の定義・意義 ………………153
　　5.2　MDFの原料 …………………………………………………154
　　5.3　MDFの生産 …………………………………………………156
　第6節　家具、木工 ………………………………………（魚崎剛志）163
　　6.1　はじめに ………………………………………………………163
　　6.2　化粧材の接着 …………………………………………………163
　　6.3　フラッシュパネルの製造 ……………………………………165
　第7節　WPC ……………………………………………（高谷政広）171
　　7.1　WPCとは ……………………………………………………171
　　7.2　WPCの原料 …………………………………………………172
　　7.3　WPCの成形方法 ……………………………………………172

7.4　WPCの分類と特性 …………………………………………………… 173
第8節　現場接着 ……………………………………………… (小松　均) 175
　8.1　はじめに ……………………………………………………………… 175
　8.2　現場で使用される接着剤の特徴 …………………………………… 175
　8.3　現場で使用される接着剤の塗付方法 ……………………………… 175
　8.4　壁、床下地工事の接着 ……………………………………………… 176
　8.5　木質フロアー床仕上げ工事の接着 ………………………………… 178
　8.6　内装・造作工事の接着 ……………………………………………… 179
　8.7　最後に ………………………………………………………………… 180

第6章　木材接着と環境・健康問題 ……………………… (高谷政広 編集) 181

第1節　木質材料とVOC ………………………………………… (宮本康太) 181
　1.1　VOCについて ………………………………………………………… 181
　1.2　国内の規制や取り組み ……………………………………………… 182
　1.3　材料からのVOC放散 ………………………………………………… 184
　1.4　VOC放散量の測定 …………………………………………………… 185
　1.5　VOC放散特性(小形チャンバー法による測定) …………………… 187
　1.6　建材のVOC放散表示制度 …………………………………………… 188
第2節　リサイクル(廃材利用) ………………………………… (秦野恭典) 191
　2.1　はじめに ……………………………………………………………… 191
　2.2　建設リサイクル法とリサイクルの現状 …………………………… 192
　2.3　木材のリサイクル …………………………………………………… 194
　2.5　おわりに ……………………………………………………………… 200

参考資料　規格と関連団体 …………………………………… (兼城健司) 201
　●木材接着に関する主要な規格 ………………………………………… 201
　●関連団体 ………………………………………………………………… 203

索　引 ………………………………………………………………………… 205

第 1 章　木材接着の基礎

第 1 節　接着機構と接着理論

　接着(adhesion)とは同種あるいは異種材料の固体面同士を接着剤(adhesive)という第3の物質を介して固着・結合させることである。この場合の固着・結合させる材料を被着材(adherend)あるいは被着体といい、木材接着においては木材を指す。実際の接着においては、被着材の種類、固体面の状態あるいは接着する場所の環境など種々の条件が異なるため、できるだけそれらの条件に適合する接着剤の選定が重要である。また、選定した接着剤が被着材面を流動して、満遍なくぬらしていって硬化あるいは固化することが肝要であり、被着材自体もぬれ易いほうがよい。

　木材接着では被着材である木材が多孔質で異方性の不均一材料である上に、種類も多種多様であり、適切な接合状態になるためには被着材の調整と接着剤の選定および接着操作が極めて重要である。

1.1　接着機構

　被着材の表面が接着剤の流動によってぬれ、両者の親和力が働いて結合することによって接着強さを発現すると考えられている。その被着材と接着剤との界面の状態と接着力発現の機構については種々の学説がある。接着現象は種々の因子が関与するために、一つの説で単純に説明することはできず、現在では各説が総合的に作用して接着するものと理解することが妥当であろうとされている。提唱されている諸説を以下に紹介する。

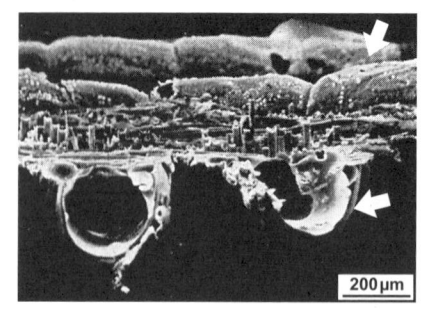

10　　　　　　　　　　　第1章　木材接着の基礎

図1-1-1　カプール合板から分離したフェノール樹脂接着剤の鋳型[3]

図1-1-2　道管の壁孔から侵入して硬化したフェノール樹脂接着剤の鋳型[3]

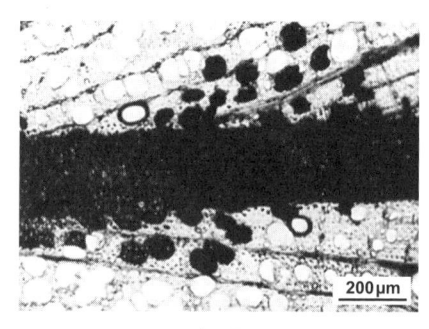

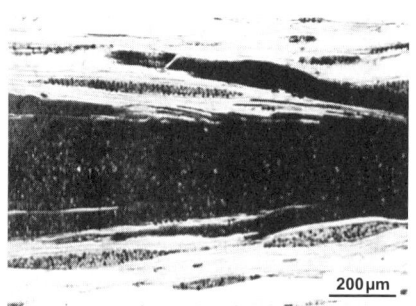

木口面　　　　　　　　　　　　　板目面

図1-1-3　ブナ挽板接着層におけるレゾルシノール樹脂接着剤の被着材への侵入状況[4]

(1) 機械的接着説（Mechanical adhesion）

この説は McBain, Hopkins によって、被着材の微細な孔隙に接着剤が侵入して固化あるいは硬化することによって結合力が生じて接着力を発現することが提唱され、支持されてきた[1]。すなわち、木材や繊維、紙などの多孔質材料の接着においては極めて合理的で妥当であると考えられた。その接着界面付近での状態は、微細な孔隙に釘を打ち込んだような状態で、孔隙内に侵入して硬化した接着剤は船が錨を下ろしたようになっていることから「投錨（アンカー）効果（anchor effect）」と称して、そのことが接着力の発現に寄与しているとする説である[2]。木材接着層におけるこの説を裏付ける状況が、佐伯ら[3]の微視的な観察でうかがえる（図1-1-1）。フェノール樹脂接着剤で接着したカプール合板について、木材部分を化学的な処理によって除去し、残った接着剤層の鋳型を走査

型電子顕微鏡で観察したものである。接着剤が木材組織の中によく侵入して硬化しており、木材(単板)が接着剤を介して繊維方向を直交させて接合されている様子がはっきり示されている。これを、さらに部分的に拡大してみると、**図1-1-2**に示すように道管内に壁孔から接着剤が浸透して、まるでキノコのような形になって固まっている。このような状況は投錨効果をより明確に示しているといえる。

また、挽板の接着においても接着剤はかなり木材中に浸透しているのが、断面から観察することができる(**図1-1-3**)[4]。これは、ブナの挽板をフェノール樹脂接着剤で接着したものの接着層近辺を端面から観察した写真であり、接着層とそこから浸透した接着剤(黒い部分)の様子が良くわかる。

(2) **比接着説**(Specific adhesion)

接着界面が多孔質でない被着材の接着における結合力の発現する接着機構として、比接着説が提唱されてきた。被着材の分子と接着剤の分子が接着界面を通して共有化学結合や分子間結合、水素結合などによって結合して接着力を発現するという説で、固有接着説とも呼ばれている[5]。2枚のガラス板の間に水滴を介在させると強い結合力を発現するが、この場合には被着材(ガラス)と接着剤(水)との接触界面における、分子間の引き合う力:分子間力(intermolecular forces)による二次結合(ファン・デル・ワールス力)が接着力を発現するという説で、これを分子間力説[6]あるいは物理的相互作用[7]とも称されている。また、界面における共有結合や水素結合といった化学結合(chemical bond)によって接着力を発現するもので、一次結合といって水素結合やファン・デル・ワールス力よりはるかに強く、最も強い結合力が期待されるとする説である。この説は化学結合説[5]あるいは化学的相互作用[7]とも称されている。

(3) **その他の接着説**[6]

そのほかに次のような諸接着説が提唱されている。・静電接着説:誘電性物質では2種類の物体が接触すると界面を通じて電子の移動が起こり、電子供与体(ドナー)は正に、電子受容体(アクセプター)は負に帯電して電気二重層が形成され、その静電引力により界面の結合力が発現するという説。・拡散説:接着は界面における高分子の拡散によるとする説。・酸—塩基説:金属酸化物が被着材の場合には接着界面に酸—塩基相互作用が起こって接着するという説。

・接着剤の力学的特性によって接着機構が異なるとする説：どのような高分子をどのような条件下で接着剤として使用するかによって弾性率が特徴的な挙動を示して接着強さが異なってくるという説である。

1.2 ぬれと接着の原理

接着現象を起こさせる最初の条件は、まず接着剤によって被着材表面をぬらすことである。固体表面に液滴(接着剤)が接触した状態は図1-1-4のように表される。この場合、固体と液体の境界面に存在する3つの界面張力の間には次式(Youngの式)が成立する[2]。

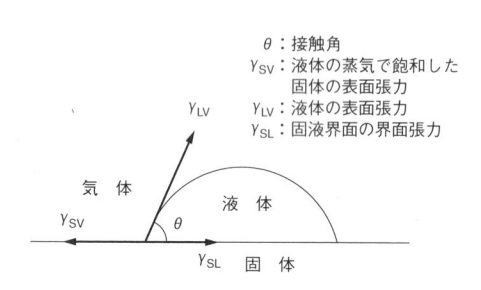

図1-1-4 固体面上の液滴の接触角[2]

$$\gamma_{SV} = \gamma_{SL} + \gamma_{LV} \cos \theta \tag{1-1-1}$$

濡れた両者の接触面を引き離して、再び固体表面と液体表面を作り出すためには、引き離す力 W_{SL} が必要である(図1-1-5)[8]。この W_{SL} が固体と液体との接着仕事であり、次式のようにあらわされる。

$$W_{SL} = \gamma_{LV} + \gamma_{SV} - \gamma_{SL} \tag{1-1-2}$$

この式をDupreの式といい、これに(1-1-1)式を代入すると

$$W_{SL} = \gamma_{LV}(1 + \cos \theta) \tag{1-1-3}$$

となり、この式をYoung-Dupreの式という。

このように接着仕事は同一表面張力の液体(接着剤)であれば、液滴の接触角 $\cos \theta$、すなわち「ぬれ(wettability)」と比例関係にあるといえる。したがって、被着材表面での液滴の接触角が低

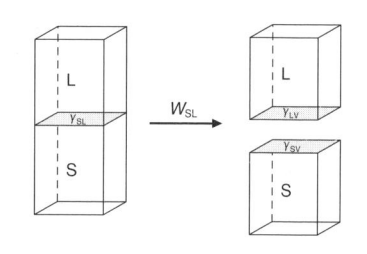

図1-1-5 固-液界面における接着仕事[8]

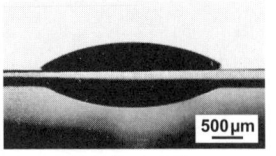

接触角 θ=90°　　　　　　接触角 θ=50°　　　　　　接触角 θ=25°
ぬれが良くない（無処理）　ぬれがやや良い（クリーニング処理）　ぬれが良い（エッチング処理）

図 1-1-6　ぬれの異なる被着材（アルミニウム）表面の水滴[9]

い（$\cos\theta$ の値が大きい）ほど接着性能がよくなることになる。

無処理、クリーニング処理およびエッチング処理したアルミニウム表面に水滴を滴下して、その接触角を測定したところ、図 1-1-6 に示すようになった。そして、これらのアルミニウムと合板との接着力を測定したところ、図 1-1-7 のように接触角が小さく、ぬれの良い方が接着力が高くなることが明らかになった[9]。しかしながら、木材同士の接着に於いては他の因子が相互に影響しあうので、ぬれと接着性が必ずしも比例関係にならない場合が多い。

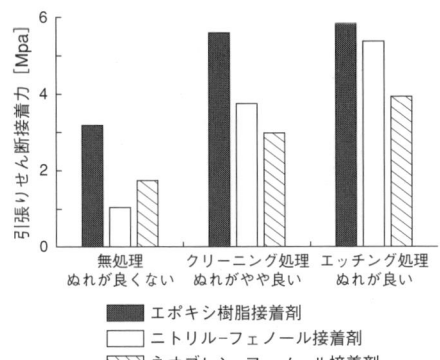

図 1-1-7　ぬれと接着力との関係（アルミニウムと合板との接着）[9]

● 文　献
1) 秦野恭典：“木材の接着・接着剤”、日本木材加工技術協会編、産調出版、p.4 (1996)
2) 作野友康：“木質資源材料（木材科学講座　8）”、鈴木正治ほか編、海青社、p. 125 (1993)
3) 佐伯　浩ほか：木材学会誌、**21**(5)、283-288 (1975)
4) 後藤輝男ほか：木材研究、No. 31、59-74 (1963)
5) 滝　欽二：“接着ハンドブック　2. 2木材の接着”、日本接着学会編、日刊工業新聞社、p. 609 (2007)
6) 三刀基郷：“接着ハンドブック　1. 1接着の基礎”、日本接着学会編、日刊工業新聞社、p. 11 (2007)

7) マルヤ通商(株):接着剤の基礎知識、http//www.maruya-t.co.jp//topics/secchakuzai-1.htm(2008)
8) 三刀基郷:"初心者のための接着技術読本"、日本接着学会編、日刊工業新聞社、p. 3(2006)
9) 後藤輝男、作野友康:島根大農 研究報告 No. 1、p. 104-109 (1967)

第2節　木材の種類と構造

　木材の接着に当たってはいかなる樹種でも、どのような条件においても接着できるのが理想である。しかしながら、木材の種類は国内外産の樹種が無数といっても過言でないほど多く有り、それらの材はそれぞれに材質や構造など種々の特性を持っている。特に、日本における用材の外国産材依存率が非常に高くなっており、接着加工においては国内外産材の特性を把握して、それに対応した取り扱いが必要である。

　本節では接着加工に用いられる用材の日本における需給動向、外国産材の輸入動向とその樹種および材質的特性、木材の組織構造などについて述べる。

2.1　用材の需給状況と木材の種類

　用材として利用される木材の種類は約200種類、そのうち日本の国産材は約20種類である。我が国において接着加工用材として用いられる木材の多くは外国産材で占められ、国産材の占める割合は20％以下である。図1-2-1に日本の木材需給状況と国産材自給率の推移を、また図1-2-2に日本の木材輸入状況詳細を示す[1]。

　外国産材の輸入状況は時代とともに変化してきた。1960～70年代の合板工業

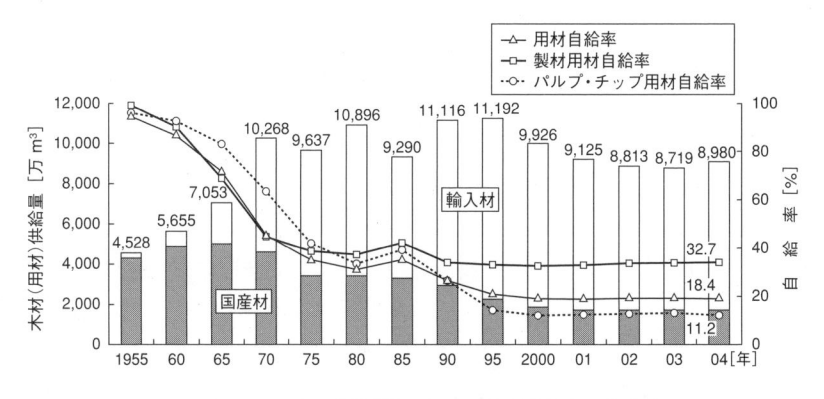

図1-2-1　日本の木材需給状況と国産材自給率の推移[1]
資料：林野庁「木材需給表」

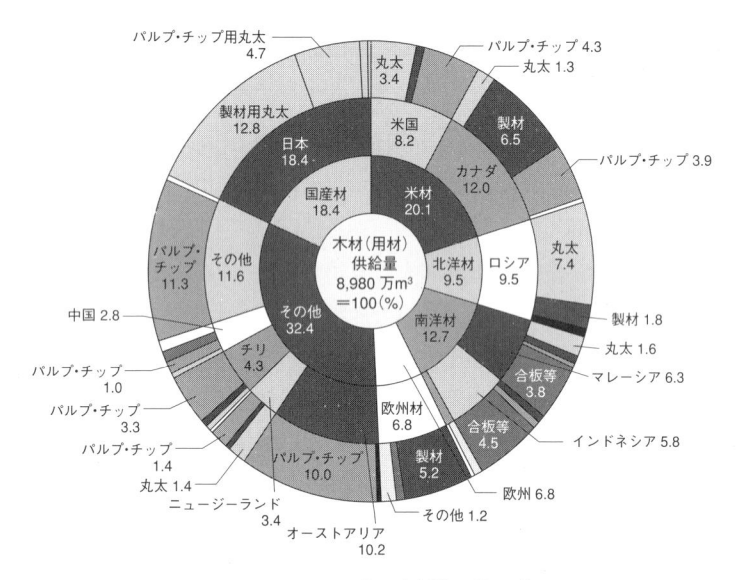

図1-2-2 日本の木材輸入状況[1]
資料：林野庁「木材需給表」、財務省「貿易統計」
注：1) 木材のうち、しいたけ原木・薪炭材を除いた用材の状況である。
2) 丸太以外は、丸太換算したものである。
3) 内訳と計の不一致は、四捨五入及び少量の製品について省略したためである。
4) 1％未満の数値は省略している。

隆盛時代には合板用原木として東南アジア地域から多くの木材が丸太で輸入された。それらの木材は樹種も多くて総称して「南洋材」と呼ばれ、その代表は"ラワン"類であった。これら南洋材原木を用いた合板工業によって、木材接着の技術は接着剤の開発、改良とともに飛躍的な発展を遂げた。ところがその後、南洋材の破壊的な伐採による樹木の減少と熱帯雨林伐採による環境破壊防止策などによる原木丸太の輸出規制と伐採禁止などによって、日本の南洋材輸入量は大幅に減少した。そのため合板原木は針葉樹丸太へと転換していき、北米(アメリカ・カナダ)材や北洋(ロシア)材等が輸入されて、針葉樹合板が製造されるようになってきた。

　1980年代後半から集成材の需要が拡大して日本でも各種の集成材が製造されるようになってきた。その集成材用ラミナはほとんど外国産材が用いられ、北米、ロシア、欧州(フィンランド、スウェーデン、ノルウェー、オーストリア)、

ニュージーランドなどから、ラミナに加工された半製品として輸入されている。

さらに、1990年代後半以降ボード類の製造が盛んになってきて、チップあるいはパーティクルに加工された各種木材片の接着加工が重要になってきている。この場合、種々の樹種がミックスされた建築解体材や残廃材が用いられることも多い。

外国産材に依存してきた日本の木材産業も最近では、接着加工材料として徐々に国産材を利用しなければならない状況になりつつある。南洋材、北米材の輸入規制、ロシア材の関税引き上げなどによる外国産材の輸入減少と国産材の需要拡大策などによって、国産材利用促進の機運が高まりつつある。国産材で利用されるのは主としてスギ、ヒノキの植林木で、小径間伐材も直径14 cm以上ならロータリー単板用原木として利用できるようになるなど、利用が促進されつつあるが、さらに需要拡大が望まれている。

2008年11月の市況によれば、日本の合板製品供給はマレーシア、インドネシアなどからの輸入製品が多く、全供給量の50％以上を占めている。一方、国産針葉樹合板も37％に達している[2]。

2.2 接着加工用材として用いられる主な木材の種類

日本産および外国産の木材で、主に接着加工用材として用いられる樹種を中心に各木材の利用動向などについて述べる。

(1) 国産材 (表1-2-1)

針葉樹材は集成材用ラミナ、突板用スライスド単板、合板・LVL用ロータリー単板として用いられるが、いずれも樹脂を多く含んでおり、接着性に影響することが多い。樹種は代表的なアカマツ、クロマツ、ヒノキ、スギをはじめ、エゾマツ、カラマツ、アスナロ(ヒバ)などがあげられる。最近特にスギ植林木

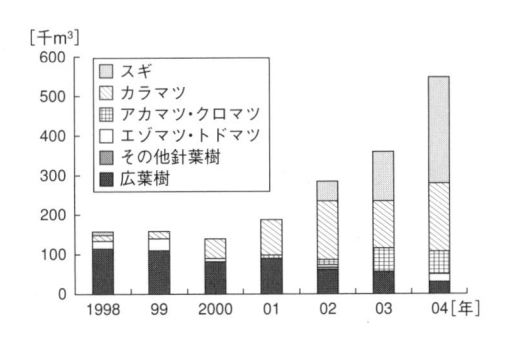

図1-2-3 国産材の合板用原木供給量[1]
資料：農林水産省「木材需給報告書」

表 1-2-1　国産主要木材一覧 [5, 6]

	樹種名	漢字名	学　名	密度* (g/cm^3)	材　色	
					心材	辺材
針葉樹材	アカマツ	赤松	Pinus densiflora	0.53	淡赤褐色	淡黄白色
	クロマツ	黒松	Pinus thunbergii	0.57	淡褐色	淡黄白色
	ヒノキ	檜	Chamaecyparis obtusa	0.41	淡褐色～淡紅色	淡黄白色
	スギ	杉	Cryptomeria japonica	0.35	淡紅色～帯赤暗褐色	白色
	アスナロ(ヒバ)	翌檜	Thujopsis dolabrata	0.37	淡黄色	黄白色
	カラマツ	唐松	Larix leptolepis	0.53	褐色	淡黄白色
	エゾマツ	蝦夷松	Picea jezoensis	0.43	心、辺材とも淡黄白色	
広葉樹材	ケヤキ	欅	Zelkova serrata	0.62	黄褐色	淡黄褐色
	ミズメ	水目	Betula grossa	0.69	紅褐色	帯黄白色
	ミズナラ	楢	Quercus crispula	0.67	褐色	淡紅白色
	ブナ	山毛欅	Fagus crenata	0.63	淡黄白色	白色
	マカンバ	樺	Betula maximowicziana	0.69	淡紅褐色	白色
	キリ	桐	Paulownia tomentosa	0.25	淡黄色	淡黄白色
	トチノキ	栃	Aesculus turbinata	0.53	心、辺材とも淡黄褐色	

*原著の「比重」を本書では「密度」と統一して表記する。

の利用拡大のために接着加工用材への利用が促進され、集成材用ラミナ、合板・LVL用のロータリー単板への加工用原木として非常に多く用いられるようになってきた。合板原木として用いられる国産材丸太の最近の供給量推移をみると、図 1-2-3 に示すように急激に増加しており、そのうちスギが 50％以上に達している[1]。

図 1-2-4　ケヤキ板目面の木目模様

　広葉樹材は集成材用ラミナ、化粧単板、フローリング、家具用材等として用いられる。主な樹種としてケヤキ、ミズナラ、ミズメ、ブナ、マカンバ、トチノキ、キリ等があげられるが、表面化粧材として木目や杢の美しさをあらわす利用が特徴的である。ケヤキの美しい木目を 図 1-2-4 に示す。

表 1-2-2　外国産主要木材一覧(1) [5,6]

	樹種名	別名	学　名	密度* (g/cm³)	材　色	
					心材	辺材
南洋材(広葉樹)	ホワイトラワン		Pentacme contorta	0.53	帯桃淡褐色	淡黄白色
	レッドラワン	レッドメランチ	Shorea negrosensis	0.56	赤褐色	黄白色
	ホワイトメランチ	メラピ	Shorea brateolata	0.67	心、辺材とも淡黄色〜淡橙色	
	アピトン	クルイン	Dipterocarpus grandiflorus	0.74	赤褐色	淡黄色
	カプール	カポール	Dryobalanops aromatic	0.70	濃赤褐色	帯桃淡黄褐色
	ジョンコン		Dactylocladus stenostachys	0.48	淡桃褐色	心材より淡色
	チーク		Tectona grandis	0.69	濃褐色	黄白色
	ラミン	メラウィス	Gonystylus bancanus	0.65	心、辺材とも黄白色	
北洋材、北欧材(針葉樹)	シベリアカラマツ	グイマツ	Larix gmelinii	0.51	黄褐色	白色
	トドマツ		Abies sachalinensis	0.45	心、辺材ともに白色	
	ベニマツ	チョウセンゴヨウ	Pinus koraiensis	0.50	淡紅色	淡黄色
	オウシュウアカマツ	レッドウッド	Pinus sylvestris	0.47	赤褐色	黄白色
	オウシュウトウヒ	ホワイトウッド	Picea abies	0.41	心、辺材とも淡黄白色	

＊原著の「比重」を本書では「密度」と統一して表記する。

(2) 南洋材(表1-2-2)

かつて南洋材といえば合板用原木として非常に多くの樹種の丸太がフィリピン、インドネシア、マレーシアなどの東南アジア諸国から輸入された。その代表的な樹種は「ラワン」で南洋材の代名詞になるほどであった。本来ホワイトラワン、レッドラワンなどの樹種であるが、フタバガキ科(Shorea spp.)をはじめ多くの樹種が輸入されて利用されるようになってきて、それらの樹種もほとんどが市場名をラワンあるいはラワン類として扱われるようになった。ラワン以外の主な樹種としてはメランチ類、カプール、タンギール、ジョンコン、チーク、ラミンなどが挙げられるが、東南アジアには非常に多くの樹木が生育しており、また樹種名も国によって、あるいは地域によって異なり[3]、樹種の識別が困難な材も多いといわれている。最近、東南アジアからは合板製品の輸入が多く、原木丸太が輸入されるのはサバ・サラワク産のメランチ類やカプールあるいはパプアニューギニア産の数樹種等である[4]。

南洋材の材質は非常に多様であり、抽出成分も多く接着性能に及ぼす因子が極めて多く複雑であるため、接着が困難な材もある。

(3) 北洋材(表1-2-2)

北洋材は南洋材に対比して呼ばれる市場名で、ロシアのシベリア地方で産出されて輸入される木材をいい、シベリアカラマツ、トドマツ、ベニマツなどで直径30 cm程度の針葉樹中小径木が多く合板やLVL用の原木として多く輸入されている。しかし、輸出関税を高くして、2009年1月までには80％に引き上げるといわれてきたが、最近引き上げ時期を延期するか、あるいは引き上げ自体を再検討するのではないかと言われている。広葉樹では製紙用パルプ材として輸入されたカバ、ナラ、クルミ、タモなどが、輸入されてからは家具用材として用いられていることがあるがごくわずかである。

図1-2-5 フィンランド産レッドウッド丸太

(4) 北欧材(表1-2-2)

スカンジナビア3国およびオーストリアなど北ヨーロッパ産の輸入材を北欧材と総称している。主にオウシュウトウヒとオウシュウアカマツなどの針葉樹が多量に輸入されている。トウヒは材色が白っぽいことから「ホワイトウッド」と呼ばれ、アカマツは心材が赤褐色であることから「レッドウッド」と呼ばれている。ホワイトウッドは製材品として輸入されてきたが、最近では集成材用ラミナとして多く用いられている。レッドウッドは比較的小径木が多く、ほとんどが集成材用ラミナとして輸入されている。図1-2-5に現地工場土場におけるフィンランド産レッドウッドの丸太を示す。

(5) 北米材(表1-2-3)

アメリカ、カナダから非常に大量の北米材が輸入されてきて、合板用あるいは集成材用ラミナに用いられてきた。中でもに大断面集成材用ラミナなど大型構造用材としてベイマツ(ダグラスファー)が多く輸入されてきた。その他ベイツガ、ベイヒ、ベイトウヒ(スプルース)、ベイヒバ、などの針葉樹が製材用として輸入された。また、ニレ、ナラ、メープル、ウォールナット、アッシュ、ブナなどの広葉樹が輸入されて家具用材などに用いられてきた。

表 1-2-3 外国産主要木材一覧(2) [5,6]

	樹種名	市場名	学名	密度* (g/cm³)	材色 心材	材色 辺材
北米材（針葉樹）	ダグラスファー	ベイマツ	Pseudotsuga menziesii	0.55	橙赤色	淡黄色
	ウェスタンヘムロック	ベイツガ	Tsuga heterophylla	0.46	心、辺材とも淡褐色～白色	
	ピーオーシーダー	ベイヒ	Chamaecyparis lawsoniana	0.47	黄褐色	淡黄白色
	シトカスプルース	ベイトウヒ	Picea sitchensis	0.46	淡褐色	淡黄色
	ウェスタンレッドシーダー	ベイスギ	Thuja plicata	0.37	帯赤暗褐色	白色
	イエローシーダ	ベイヒバ	Chamaecyparis nootkatensis	0.51	黄色	黄白色
	レッドウッド	アカスギ	Sequoia sempervirens	0.46	濃赤褐色	白色
北米材（広葉樹）	ホワイトオーク	ナラ	Quercus alba	0.75	褐色	白色
	ホワイトアッシュ	アッシュ	Fraxinus americana	0.68	褐色	白色
	エルム	ニレ	Ulmus spp.	0.56	淡褐色	白色
	ハードメープル	メープル・サトウカエデ	Acer saccharum	0.70	淡赤褐色	桃白色
	ブラックウォルナット	ウォルナット	Juglans nigra	0.62	紫黒色	淡色
	ビーチ	アメリカブナ	Fagus grandifolia	0.72	赤褐色	淡褐色

*原著の「比重」を本書では「密度」と統一して表記する。

表 1-2-4 外国産主要木材一覧(3) [5,6]

	樹種名	産地	学名	密度* (g/cm³)	材色 心材	材色 辺材
オーストラリア・ニュージーランド材	ジャラ	オーストラリア	Eucalyptus marginata	0.82	赤暗褐色	淡色
	クインズランドウォルナット	オーストラリア	Endiandra palmerstonii	0.66	褐色	淡黄白色
	ラジアータパイン	ニュージーランド	Pinus radiata	0.49	淡褐色	黄白色
	シルバービーチ	ニュージーランド	Nothofagus menziesii	0.65	心、辺材の境不明瞭で桃褐色	
南米・アフリカ材（広葉樹）	イペ	南米	Tabeburia serratiffolia	0.95	緑褐	黄灰色
	パープルハート	南米	Peltogyne densiflora	0.88	灰褐色	黄白色
	ブラジリアンローズウッド	南米	Dalbergia nigra	0.98	紫褐色	白色
	リグナムバイタ	中南米	Guajacum officinale	1.30	濃緑褐色	黄白色
	モンキーポッド	中南米	Samanea saman	0.55	金褐色	黄白色
	バルサ	中南米	Ochoroma lagopus	0.10	心材、辺材とも白色	
	イロコ	アフリカ	Chlorophora excels	0.65	淡黄褐色	淡色細縞
	オクメ	赤道アフリカ	Aucoumea klaineana	0.45	淡赤色	淡色
	サペリ	アフリカ	Entandrophragma cylindoricum	0.64	赤褐色	淡色
	ゼブラウッド	西アフリカ	Microberlinia brzzavillensis	0.75	黄褐色、黒縞	白色
	ブビンガ	赤道アフリカ	Guibourtia tessmannil	0.88	赤褐色	淡色
	マコーレ	西アフリカ	Tieghemella heckelii	0.70	桃褐色	白色
	マンソニア	西アフリカ	Mansonia altissima	0.65	灰褐色	白色

*原著の「比重」を本書では「密度」と統一して表記する。

北米のレッドウッドはセコイアの類で北欧のレッドウッドとは全く異なる樹種で、世界最大の樹高にも達する巨木である。

(6) オーストラリア・ニュージーランド材(表1-2-4)

ユーカリ類(ジャラ等)やウォルナット等のオーストラリア産材が輸入され、またニュージーランドからはラジアータパイン植林木が製材品あるいは集成材用ラミナなど接着加工用材として輸入されている。ユーカリ類には多くの種類があり、それぞれの樹種特性を生かした使われ方がされている。ニュージーランド産ラジアータパインは生長のよい植林木であり、年輪幅が2～3センチメートルもある材が多い。そのため、早材部分が非常に多い材となっている。また、シルバービーチなどの広葉樹も若干輸入されている。

(7) 南米、アフリカ材(表1-2-4)

ブラジル、チリなどの南米やアフリカ諸国から、ブビンガ、マコーレ、モアビ、イペ、ローズウッド、イロコ、オクメ、サペリ、パープルハートなど多くの樹種が輸入され、家具用材、化粧単板用材、工芸品用材などとして用いられている。

2.3 樹幹の構造と木材の切断面

樹木の構造は模式的に図1-2-6のように示され、用材として用いられる樹幹は心材部、辺材部が樹皮で覆われている。樹皮と辺材部の間に存在する形成層で肥大成長するが、形成される細胞の大きさや細胞壁の厚さが季節によって異なり年輪を形成する。

春に形成される細胞壁の薄い大きな細胞で構成される部分を早材と称し、夏に形成される細

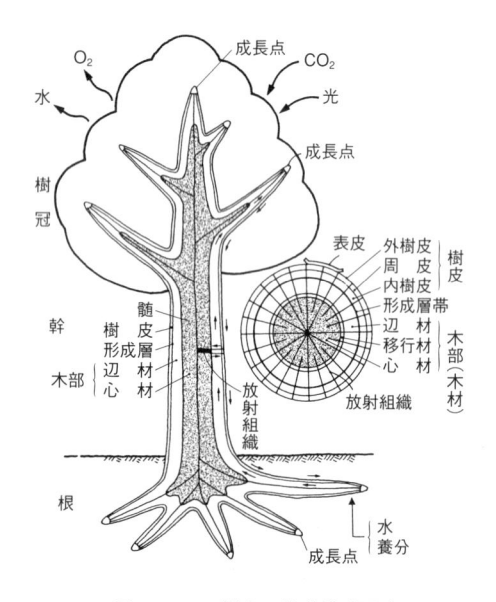

図1-2-6 樹木の構造模式図[7]

図1-2-7 スギ木口面に現れる年輪

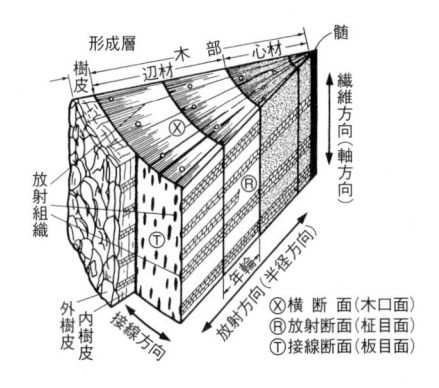

図1-2-8 樹幹の断面構造[7]

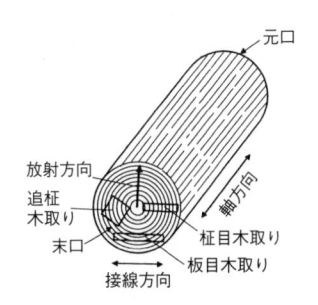

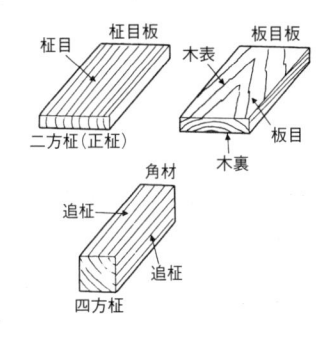

図1-2-9 木取りと切断面の状態[8]

胞壁の厚い細胞で構成される部分を晩材と称している。ほとんどの針葉樹ではこのように早、晩材がはっきりして年輪が明確に現れる。スギ木口面に現れる年輪を 図1-2-7 に示す。広葉樹では年輪が明確でない樹種が多く、特に、南洋材のように熱帯地域産の木材にはほとんど年輪がみられない。

樹幹の形成から木材の構造は超異方性材料となり、切断される断面によって種々の状況が異なる。したがって、木材を材料として扱う場合、特に接着にあたっては断面について十分考慮しなければならない。樹幹の直立方向に直行した切断断面を木口断面といい、樹幹に平行し、樹心を通って切断された断面(年輪に直行する断面)を半径断面あるいは柾目面、年輪に沿って切断された断面を接線断面あるいは板目面と称する。樹幹の断面構造を 図1-2-8 に、また木取り切断面と材面の状態を 図1-2-9 にそれぞれ示す。

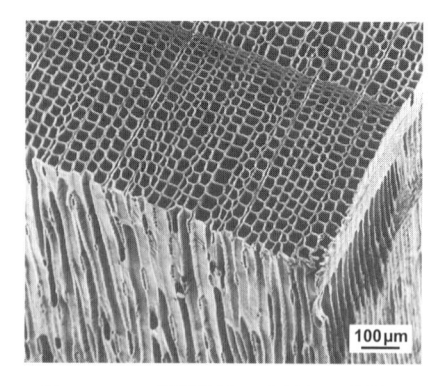

図1-2-10 針葉樹(ヒノキ)材の3断面の細胞構造[9]

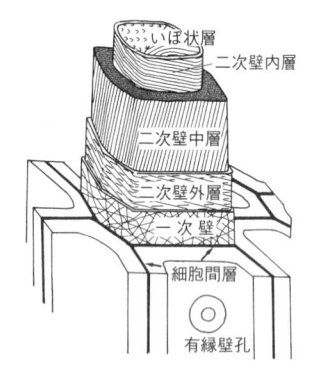

図1-2-11 仮道管の細胞壁モデル[7]

2.4 細胞構成と断面微細構造

針葉樹材の細胞構成はほとんど(90％以上)が仮導管でわずかな放射組織が存在する。針葉樹(ヒノキ)の3断面における細胞構造を 図1-2-10 に、また仮導管の細胞壁微細構造モデルを 図1-2-11 に示す。針葉樹の被着材では細胞(仮導管)内に接着剤が浸透し、壁孔(図1-2-12)から仮導管内こうに接着剤が侵入して硬化する。

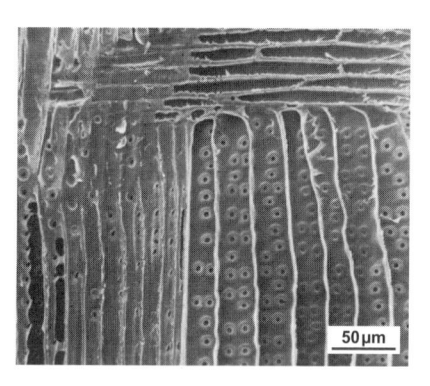

図1-2-12 有縁壁孔の現れる針葉樹材面[9]

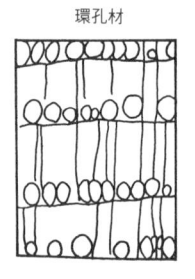

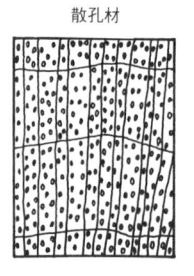

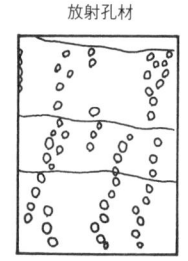

図1-2-13 広葉樹木口における道管配列[10]

広葉樹の主な細胞構成要素は道管、木繊維、放射組織であり、針葉樹にくらべて細胞構成は複雑である。特に道管の配列は樹種によって非常に異なっている。木口面における道管配列は**図1-2-13**に模式的に示すように、環孔材、散孔材、放射孔材などに分類される。これらの代表的な日本産樹種は、環孔材としてケヤキ、クリ、ハリギリなど、散孔材としてブナ、カエデ、カツラ、カキノキなど、放射孔材ではカシ類、マテバシイなどがある。放射組織は、他の細胞とは異なって軸方向に直行する方向に細胞が配列する構成要素であるが、広葉樹では広放射組織となっている材が多い。広放射組織を持つブナの三断面構造を**図1-2-14**に示す。

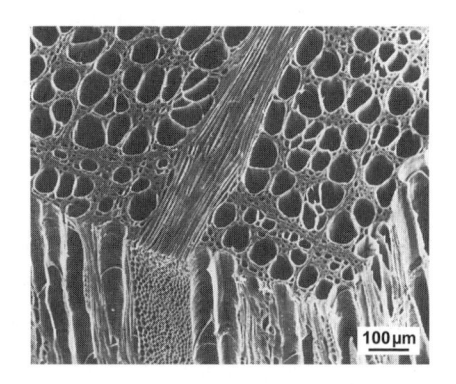

図1-2-14 広葉樹(ブナ)材の3断面の細胞構造[9]

● 文　献
1) 林野庁編:"森林・林業白書(平成18年度版)"、日本林業協会、p.112-115(2007)
2) 日刊木材新聞、2009年1月22日付
3) 須藤彰司:"南洋材"、地球出版、p.1-439(1970)
4) 日刊木材新聞、2009年1月15日付
5) 木材活用事典編集委員会編:"木材活用事典"、産業調査会 事典出版センター、p.658-667(1994)
6) 須藤彰司:"カラーで見る世界の木材200種"、産調出版、p.1-255(1997)
7) 古野　毅、澤辺　功編:"組織と材質(木材科学講座2)"、海青社、p.28、38(1994)
8) 山下晃功編:"技術研究選書　木材の性質と加工"、開隆堂、p.23(1993)
9) 佐伯　浩:"走査電子顕微鏡図説　木材の構造"、日本林業技術協会、p.1-218(1982)
10) 上村　武:"樹の事典　木材の知識"、朝日新聞社、p.114-119(1984)

第3節 木材の物理的および化学的性質

3.1 密度

木材の密度は、樹種によって異なり、バルサ材の $0.1\,g/cm^3$ ～リグナムバイタ材の $1.3\,g/cm^3$ の範囲にあり、多くは $0.3\,g/cm^3$ ～ $0.8\,g/cm^3$ の範囲である。木材は、含水率によって重さと容積が変化するので、木材の密度は、含水状態により区別され、次のものがよく用いられる。

(1) 全乾密度 r_o

$$r_o = \frac{W_o}{V_o}$$

ここで、W_o と V_o は、それぞれ全乾状態での重さと容積である。

(2) 気乾密度 r_a

$$r_a = \frac{W_a}{V_a}$$

ここで、W_a と V_a は、それぞれ気乾状態での重さと容積である。

(3) 生材密度 r_g

$$r_g = \frac{W_g}{V_g}$$

ここで、W_g と V_g は、それぞれ生材状態での重さと容積である。

木材中の空隙や水分を含まない木材実質部分の密度を真密度とよび、その値は樹種に関係なく約1.5である。

3.2 木材の含有水分

一般に木材中に含まれる水分量は含水率(moisture content, MC)で示し、全乾法で求められる。すなわち木材の含水率は、次式のように全乾重量を基準にした乾量基準含水率で表される。

$$u = \frac{W_u - W_o}{W_o} \times 100\,(\%)$$

ここで、u：含水率(%)、W_u：乾燥前の重量、W_o：全乾重量(100～105℃の乾燥

器内で恒量に達した時の重量)である。

　木材中の水分は、自由水(free water)と結合水(bound water)に大別される。自由水とは、木材中で細胞内腔や細胞壁中の間隙に液状で存在している繊維飽和点以上の水である。木材の重量の増減、熱、電気的性質に影響を与える。結合水とは、細胞壁中に存在し、木材実質と二次的に結合(非結晶領域の水酸基などと水素結合、ファン・デル・ワールス結合)している繊維飽和点以下の水である。この水分の増減は、木材の物理的、力学的性質に影響を及ぼす(図1-3-1)。

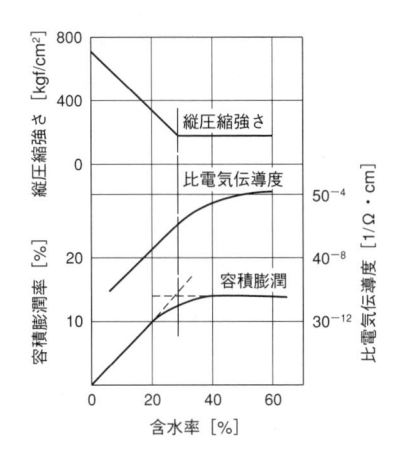

図1-3-1　木材物理的、力学的性質と含水率の関係[1]

　木材中の水分含有状態は、次のような区別が出来る[2](図1-3-2)。

(1) 全乾状態：木材を100〜105℃の乾燥器内で恒量に達するまで乾燥した時の状態をいい、その時の木材を全乾材という。含水率は0％である。

(2) 気乾状態：木材が通常の温度と湿度のもとで平衡した水分を含有する状態で、その木材を気乾材、その含水率を気乾含水率という。日本では、約15％である。また、木材の物性は含水率によって変化するので、標準の含水率を12％

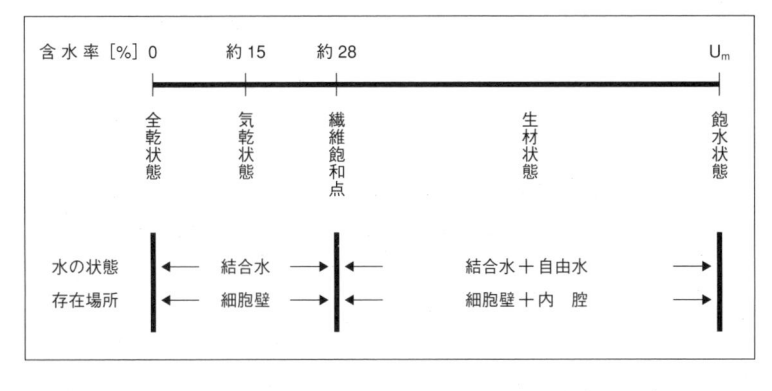

図1-3-2　木材中の水分状態および水の状態と存在場所[3]

(3) 繊維飽和点(fiber saturation point, FSP)：細胞壁内が完全に結合水で飽和され、細胞内腔や細胞間隙中に自由水が存在しない状態、およびその時の含水率をいう。FSPは、全ての木材を通じて25～35%程度であるが、平均28%である。

(4) 生材状態：細胞壁内が結合水で飽和され、細胞内腔などの空隙部分にも自由水が存在する立木や伐採直後の木材の状態で、その木材を生材、その含水率を生材含水率という。

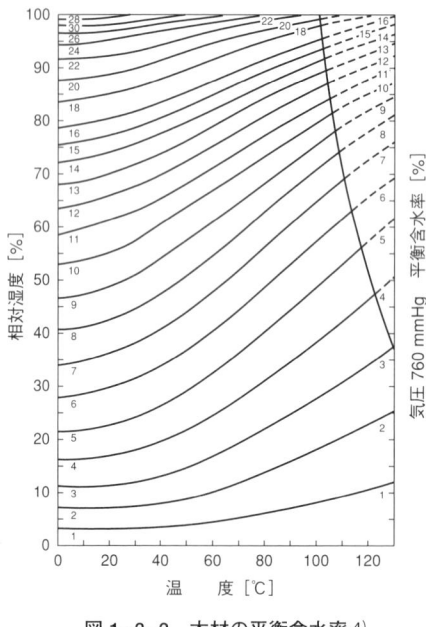

図1-3-3 木材の平衡含水率[4]

(5) 飽水状態：木材が水分で完全に飽和された時の状態で、その木材を飽水材、その時の含水率を最大含水率という。300%の最大含水率になる場合もある。

木材をある一定の温度と湿度のもとで長期間置くと、吸湿・放湿を繰り返した後含水率が変化しなくなる。このときの含水率を平衡含水率(equilibrium moisture content, EMC)という。平衡含水率を図1-3-3にしめす。平衡含水率は、気候、場所によって異なり、湿度が高いほど、そして温度が低いほど高く、また乾燥過程と吸湿過程でも異なる。いったん低含水率まで乾燥した木材が吸湿して平衡になる含水率は、環境が同じ温度・湿度条件であっても、乾燥過程のそれよりも低くなる。この現象を水分のヒステリシス(履歴現象)といい、木材を人工乾燥によりいったん低含水率まで乾燥して利用する理由のひとつである[5]。

3.3 異方性[6-8]

木材は、縦に長い繊維細胞が樹幹の軸と同方向に配列しているために、物理

的・機械的性質には方向性がある。

　木材の膨張・収縮は、繊維方向にはほとんど起こらないが、繊維に直角方向には大きく起こる。含水率が0.1％からFSPまでの範囲では、木材の細胞壁の非結晶領域への結合水の出入り(吸脱着)により寸法変化を生じる。接線方向の膨張・収縮が最も大きく、ほとんどの樹種で3.5～15％、次に半径方向で2.4～11％、繊維方向では0.1～0.9％の範囲にある。接線方向(T方向; Tangential)：半径方向(R方向; Radial)：繊維方向(L方向; Longitudinal)の膨張・収縮率の比は、T：R：L＝10：5：0.5程度であるが、樹種や密度などによってかなり異なる。RとT方向の違いには、放射方向に配列する放射組織の存在や、細胞の形態、配列、両方向の細胞壁におけるミクロフィブリル傾角などの構造の差異が関与している。一般に、接線方向と半径方向の膨張・収縮異方性(横断面異方性)は、低密度材ほど大きい。

　木材は、横断面の収縮異方性に起因して狂いや割れを生じ、利用上大きな問題となる。

　また、木材は、繊維方向の圧縮や引張りには強いが、横方向(側面から)の圧縮には弱い。接線：半径：繊維方向の引張り強度の比は、T：R：L＝1：2：15程度である。

　このように、材料の方向によって性質が異なることを異方性という。これは長所でもあり、欠点ともなりうるので、木材の利用に関しては、その特長を生かせるような配慮が必要である。

3.4　木材の強度的性質[9, 10)]

(1) 応力とひずみ

　物体に外力(荷重)が作用すると、外力につりあう内力が物体の内部に生じると同時に、物体に変形が生じる。図1-3-4に示す例のように、物体に引張り力P (kgf)が働くと、物体は力の方向に伸びる。この伸びをΔL(cm)とすると、物体のもとの長さL(cm)に対する割合 $\varepsilon =$

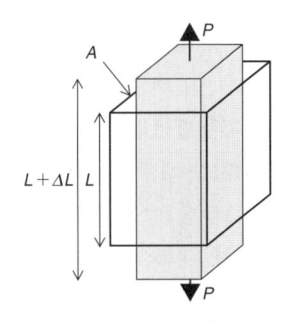

図1-3-4　物体の形状変化[9)]

$\Delta L/L$ をひずみ(strain)という。このとき、物体の断面積を $A(\text{cm}^2)$ とすると、単位面積あたりの内力 $\sigma = P/A(\text{kgf}/\text{cm}^2)$ を応力(stress)という。

(2) 応力―ひずみ曲線

物体に作用する荷重によって内部に生じる応力とひずみとの関係を図1-3-5に示す。荷重初期には、応力とひずみの間

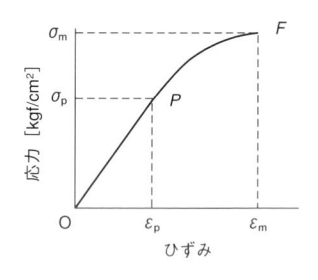

図1-3-5 応力―ひずみ曲線図 [9]

に直線関係が認められる。さらに荷重が増加して応力がある限界を超えると、応力の増加に対するひずみの増加割合が次第に増大し、ついに破壊する。

図の直線域OPの間ではフックの法則 $\sigma = E\varepsilon$ の関係が成り立ち、直線の傾き σ/ε は弾性係数もしくは弾性率 E(modulus of elasticity, MOE)を表す。P点を比例限度(proportional limit)といい、比例限度よりも小さな応力のもとで荷重を除去すると元の長さに戻る。この性質を弾性(elasticity)という。また徐荷と同時に、生じたひずみが完全に消え去る応力の上限を弾性限度という。鋼材の応力―ひずみ線図上では弾性限度が比例限度近く存在するが、木材では弾性限度が比例限度よりもはるかに小さく、しかもその存在は明確ではない。

応力が比例限度P点をこえると、直線からはずれて曲線域に入り、荷重をとり除いたとしても、もとの長さにもどらず、若干のひずみが残る。この性質を塑性(plasticity)といい、そのときのひずみを塑性ひずみあるいは永久ひずみという。

最後に、曲線は応力の最大到達点(F点)に達し、木材は破壊する。このF点を極限強さ(ultimate strength)または単に強さ(強度)という。軟鋼などでは、極限強さを示した後、応力の減少がつづいて破壊に至るが、木材の場合は極限強さを示したとき破壊する。

(3) 木材の強度性能

試験の種類は、①静的試験、②衝撃試験、③疲労試験、④粘弾性試験、⑤使用状態による試験(摩耗試験、実大試験)などに分類できる。

具体的には、圧縮試験、引張試験、曲げ試験、せん断試験、割裂試験、衝撃曲げ試験、硬さ試験、クリープ試験、くぎ引き抜き抵抗試験、磨耗試験などによって評価され、試験方法が日本工業規格(JIS)に規定されている。木材の強度

表1-3-1 木材の引張・曲げ強度と比強度[11]

樹種		気乾密度 (g/cm³)	含水率 (%)	引張強度(MPa)			比強度	曲げ(MPa)	
				縦引張強度 (σ_{tL})	横引張強度			比例限度	曲げ強度
					半径方向 (σ_{tR})	接線方向 (σ_{tT})			
針葉樹	スギ	0.32	15.5	57	7.0	2.6	178	38	64
	ヒノキ	0.44	15.0	120	—	—	272	36	66
	アカマツ	0.55	13.0	134	9.6	3.8	244	46	89
広葉樹	キリ	0.28	11.0	52	4.4	3.8	186		30
	ケヤキ	0.69	13.0	121	17.1	12.6	176	52	99
	イチイガシ	0.81	10.0	167	20.0	8.0	206	53	102
南洋材	アガチス	0.46	15.5	150	7.3	3.3	327		65
	アピトン	0.63	15.9	167	8.3	5.2	265	88	131
米材	ベイツガ	0.48	12.0	69	2.1		153	48	70
	ベイマツ	0.55	12.0	105	2.3		223	55	80

表1-3-2 材料の引張強度と比強度[11]

材料	密度(g/cm³)	引張強度(MPa)	比強度
鋳鉄	7.1	140〜280	19〜39
高張力鋼	7.7	800〜1000	104〜130
アルミニュウム	2.7	90〜150	33〜56
メラミン樹脂	1.5	35〜93	23〜62
ポリエチレン	0.9	21〜35	23〜38
ガラス	2.8	30〜90	10〜32

は、一般に密度が大きいものほど大きく、含水率が高いほど小さい。表1-3-1と表1-3-2に木材の引張・曲げ強度と他の材料の引張強度を示す。

3.5 木材の化学組成

木材の化学組成は、主要成分と副成分(抽出成分)に大別できる。前者は、細胞壁および細胞間層を構成する成分であり、セルロース、ヘミセルロース、およびリグニンからなり、木材の約95％を占める。後者は、細胞内含有成分であり、テルペン、デンプン、フラボノイド、フェノール類、糖類、ペクチン、ア

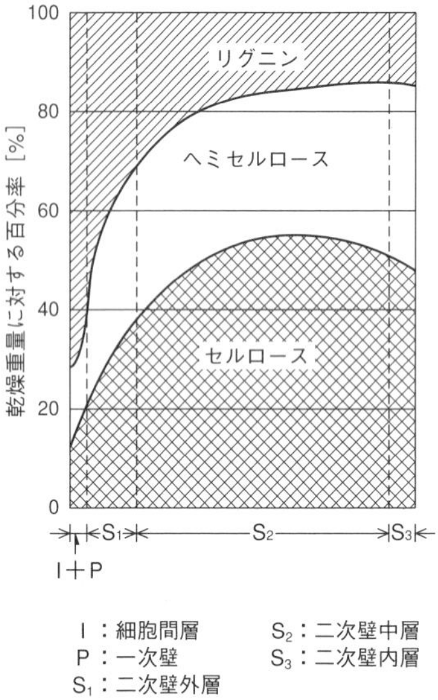
100
80
60
40
20
0
乾燥重量に対する百分率［%］
リグニン
ヘミセルロース
セルロース
S1
S2
S3
I＋P
I：細胞間層
P：一次壁
S1：二次壁外層
S2：二次壁中層
S3：二次壁内層

図 1-3-6　針葉樹材仮道管壁中の主成分の分布 [12)]

ミノ酸、タンパク質、高級脂肪酸などの抽出成分と灰分(無機成分)からなり、木材中に約5%程度存在する。抽出成分は、接着剤のぬれを悪くし、接着阻害を生じたり､塗布された接着剤の中に溶け込んで接着剤の硬化反応を遅らせ接着強度を低下させることがある。

(1) セルロース

セルロースは、天然に最も多く存在する有機物である。木材中には40～50%を占めるが、針葉樹と広葉樹ではその差は小さい。**図 1-3-6** に示すように、細胞壁中のセルロースの分布は、二次壁の中層や内層で高い。細胞壁中の構成化学成分を鉄筋コンクリートに例えると、セルロース繊維は、引張りに強い鉄筋であ

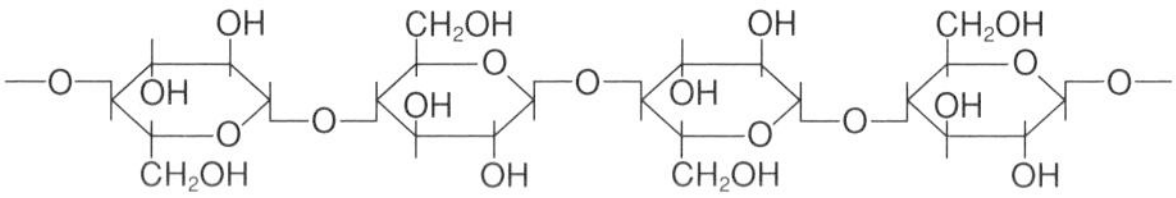

図 1-3-7　セルロースの分子構造 [13)]

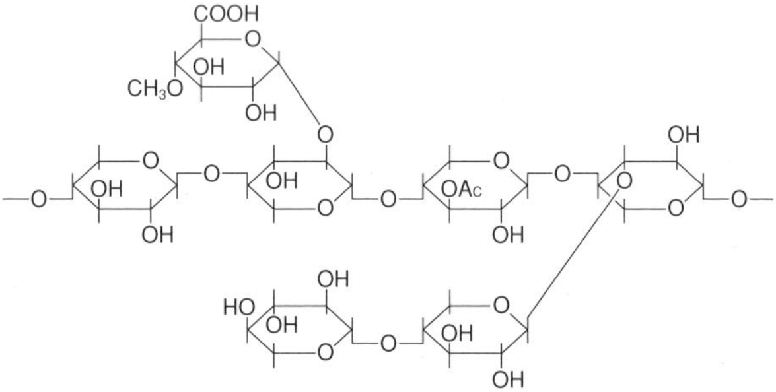

図 1-3-8　ヘミセルロース(広葉樹グルクロノキシラン)の分子構造 [13)]

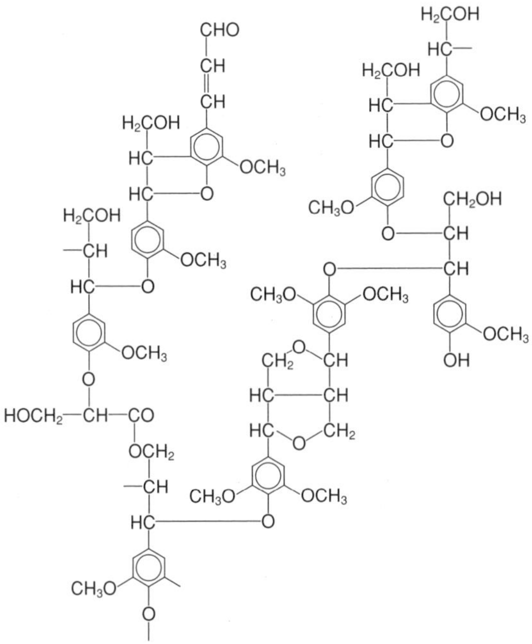

図 1-3-9　カバ材リグニンの構造の一部 [14]

り、リグニンは圧縮に強いコンクリートと見なされ、ヘミセルロースは、この両者を結合する役割を果している。セルロースは、図 1-3-7 に示すように、グルコース(ブドウ糖)が直鎖状に β-1,4 グルコシド結合した親水性高分子物質である。木材のセルロースは、重合度が数千から一万で、結晶性であるので、一般的な溶剤には溶解しない。また、水、希酸、アルカリに溶解しない。

(2) ヘミセルロース

セルロース以外の多糖類を総称してヘミセルロースと呼んでいる。重合度は 100〜300 程度で、セルロースよりはるかに分子量が小さく、親水性である。図 1-3-8 に示すように、分岐があり、構成する単糖の種類も多く、結合や配列の仕方もセルロースのように単純ではなく、結晶性が少ないので、ヘミセルロースのほとんどがアルカリ水溶液に可溶である。針葉樹に含まれるヘミセルロースは、含有率が 25% 程度で広葉樹よりも約 10% 程度少なく、主成分のガラク

トグルコマンナンからなるのに対して、広葉樹ではそのほとんどがグルクロノキシランである。

(3) リグニン

リグニンは、セルロースについで、地球上に豊富に存在する有機物である。図1-3-9に示すように、フェニルプロパン(C_6C_3)を基本単位とする芳香族の重合体で、三次元網目状構造をもつ疎水性物質である。木材中でのリグニン形成は木化(木質化)とよばれ、樹木に強靱な性質を与え、硬さや曲げに強くなる。基本単位の芳香核構造の違いから、針葉樹のリグニンは、主としてグアイアシル核、広葉樹のリグニンは、グアイアシル核とシリンギル核からなる。針葉樹に含まれるリグニンは、含有率が25〜35％であるのに対し、広葉樹では18〜25％であり、針葉樹よりも約10％程度少ない。分子量は、数百から数百万といわれている。

● 文　献

1) 中戸莞二、佐道 健："木材工学"、梶田茂編、養賢堂、p. 88 (1961)
2) 杉原彦一ほか："改訂基礎木材工学"、文教出版、p. 62 (1983)
3) 則元 京："木材の基礎科学"、日本木材加工技術協会関西支部編、海青社、p. 42 (1992)
4) 高橋 徹・中山義雄編："木材科学講座3 物理"、海青社、p. 32 (1992)
5) 小野宏治・寺西康浩："改訂版木材加工技術ハンドブック"、木材加工技術ハンドブック編集委員会編、奈良県森林技術センター、p. 101 (2000)
6) 松山将壮："改訂版木材加工技術ハンドブック"、木材加工技術ハンドブック編集委員会編、奈良県森林技術センター、p. 13 (2000)
7) 前掲3)、p. 43
8) 前掲4)、p. 41
9) 中田欣作："改訂版木材加工技術ハンドブック"、木材加工技術ハンドブック編集委員会編、奈良県森林技術センター、p. 149 (2000)
10) 前掲4)、p. 73
11) 前掲4)、p. 99
12) 中野準三ほか："木材化学"、ユニ出版、p. 15 (1983)
13) 今村博之ほか編："木材利用の化学"、共立出版、p. 3 (1983)
14) H. Nimz：*Angew. Chem.* **13**, p. 313 (1974)

第 2 章　木材用接着剤の種類

第 1 節　接着剤の分類

　接着剤は2つの物体を貼り合わせるために使われる物質で、一般に液状あるいはゲル状の物質から成り、接着後には固化して固体となることで接着力を発現する物質でなければならない。そのため主成分には溶剤の揮発や硬化反応などによって固化する性質を有する天然高分子または合成高分子(合成樹脂)が一般に用いられる。今日日常的に使われている接着剤の種類は工業用から家庭用まで多岐に渡り、各接着剤メーカーが様々なニーズに対応した接着剤を開発・販売している[1-3]。

　接着剤の分類には主成分(接着剤を構成する主要な化学成分)による分類、物理的形状による分類、固化の仕方による分類、接着強さや用途による分類などがある[1-6]。

1.1　主成分による分類

　接着剤の主成分は高分子物質あるいは反応して高分子になるような物質がほとんどであるが、図2-1-1に示すように、主成分の化学的特徴を基にした物質の分類が一般的によく使われる[4]。無機系の物質は高分子物質ではないが、広い意味での接着剤として分類できる。

　天然系の接着剤は小麦、コーンスターチ、米粉などを主成分とするデンプン系と鳥獣の骨や皮からのコラーゲンやゼラチンなどを主成分とするタンパク質系に分類される。

　合成高分子系の接着剤は熱硬化性樹脂系、熱可塑性樹脂系、ゴム系、混合系

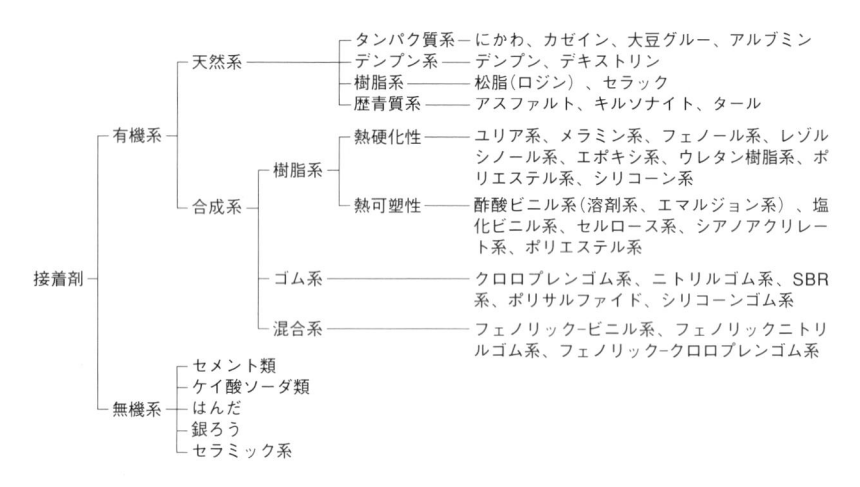

```
                          ┌ タンパク質系 ─ にかわ、カゼイン、大豆グルー、アルブミン
                  ┌ 天然系 ┤ デンプン系 ── デンプン、デキストリン
                  │      │ 樹脂系 ──── 松脂(ロジン)、セラック
                  │      └ 歴青質系 ── アスファルト、キルソナイト、タール
                  │
         ┌ 有機系 ┤      ┌ 樹脂系 ┬ 熱硬化性 ── ユリア系、メラミン系、フェノール系、レゾル
         │      │      │      │            シノール系、エポキシ系、ウレタン樹脂系、ポ
         │      │      │      │            リエステル系、シリコーン系
         │      │      │      └ 熱可塑性 ── 酢酸ビニル系(溶剤系、エマルジョン系)、塩
         │      └ 合成系 ┤                   化ビニル系、セルロース系、シアノアクリレー
接着剤 ──┤             │                   ト系、ポリエステル系
         │             │ ゴム系 ────── クロロプレンゴム系、ニトリルゴム系、SBR
         │             │                   系、ポリサルファイド、シリコーンゴム系
         │             └ 混合系 ────── フェノリック-ビニル系、フェノリックニトリ
         │                                 ルゴム系、フェノリック-クロロプレンゴム系
         │      ┌ セメント類
         │      │ ケイ酸ソーダ類
         └ 無機系 ┤ はんだ
                │ 銀ろう
                └ セラミック系
```

図 2-1-1　主成分による分類 [4]

に分類される。

　熱硬化性樹脂は熱あるいは触媒により不可逆的に硬化し、一旦固化すると再び軟化せず高温では分解するものが多い。硬化温度により、高温(100℃以上)・中温(室温以上100℃以下)・室温(20～27℃)・低温(室温以下)硬化性などに分類される。熱硬化性樹脂にはホルムアルデヒド系樹脂の他、エポキシ樹脂、ウレタン樹脂系、不飽和ポリエステル樹脂、反応型アクリル系などがある。

　一方、熱可塑性樹脂は固化しても所定温度以上になると軟化、溶融する性質の高分子を主成分としている。接着剤としては適度の重合度の樹脂を溶剤に溶解または懸濁させた液状のものが多く、大部分の固化物は0℃以下ではもろくなり、60℃以上では軟化する。全般に耐久性は低いが、広範な材料によく接着するので、異種材料の接着、非構造的用途の接着に広く用いられる。熱可塑性樹脂には酢酸ビニル樹脂系、セルロース系などがある。天然ゴムや合成ゴムは外力を加えると変形するが、除けば元に戻る弾性高分子(エラストマー)であることから、ゴム系あるいはエラストマー系として分類される。

　また混合系(複合系またはアロイ)は、一般には性質の異なる接着剤(例えば熱硬化性樹脂と熱可塑性樹脂)を混合したもので、それぞれの接着剤の欠点を補い合うことで、機能性を向上させ、適用範囲を拡大できる。

表 2-1-1　形状による分類[6]

接着剤の形状	接着剤例
水溶形	デンプン、PVA、フェノール樹脂、ユリア樹脂、メラミン樹脂、レゾルシノール樹脂など
溶剤形	クロロプレン系、その他合成ゴム系、酢酸ビニル樹脂系、ニトロセルロースなど
エマルジョン形（ラテックス形）	酢酸ビニル樹脂系エマルジョン、アクリル系エマルジョン、ラテックス系など
無溶剤形	エポキシ系、シアノアクリレート系など
固形	(粉末)カゼイン、PVA(塊状)にかわ、ホットメルト(ひも状)ホットメルト(フィルム状)エポキシ、フェノール・ニトリルゴム
テープ形	粘着系、ヒートシール系

1.2　形状による分類

接着剤を物理的な形状から分類すると**表 2-1-1**のようになる[6]。水に溶解する水溶形の接着剤はデンプン系の他ホルムアルデヒド系樹脂がある。溶剤形は主にゴム系などの柔らかい高分子物質を有機溶剤によって溶かして液状にした状態で製品となっており、いろいろな被着剤に対して初期接着性が非常に優れ、溶剤揮散も比較的速いことが特徴である。したがって建築現場における様々な建材の接着に使用されている。ただし、有機溶剤の成分の中にはシックハウスの原因とされるものもあることから、近年では室内濃度指針値の出されている揮発性有機化合物(VOC；volatile organic compound)のうちの4物質(トルエン、キシレン、エチルベンゼン、スチレン)に対する業界の自主規制の取組が始まっている(詳細は本書第6章第1節参照)。

　エマルジョン(乳化懸濁)形はもともと水に溶解しない高分子が保護コロイドによってエマルジョン化されて水に溶けている状態であり、天然ゴムが主体の場合にはラテックス形と呼ばれる。

　無溶剤形は溶剤を使わずに反応体自体が粘凋な液体であり、反応すると全ての成分が固化に寄与し、体積収縮を伴わない接着剤である。代表的なものに2液を混合して接着するエポキシ樹脂があり、体積収縮をしない特性を活かして接着剤と空隙充填を兼ねて使用されることもある。完全に反応するには時間がかかるが、一旦固化すると非常に強い接着力を発現するため、主に構造用用途と

表 2-1-2 固化様式による分類

固化様式	タイプ		主な接着剤
溶剤揮散型	溶剤型	水	デンプン系、PVA系
		有機溶剤	ニトロセルロース、酢酸ビニル樹脂系溶剤形、クロロプレンゴム
	エマルジョン形		合成ゴムデラックス 酢酸ビニル樹脂エマルジョン
放冷凝固型	にかわ、ホットメルト(エチレン・酢酸ビニル共重合樹脂(EVA)系)		
化学反応型	2液型	触媒混合型	ユリア樹脂、メラミン・ユリア共縮合樹脂
		硬化剤混合型	エポキシ樹脂、レゾルシノール樹脂、水性高分子-イソシアネート系
	1液型	熱硬化型	フェノール樹脂
		湿気硬化型	イソシアネート系、シアノアクリレート
		その他	UV硬化型、嫌気性硬化型

して使用される。

　固形の接着剤には形状によって粉末、塊状、ひも状、フィルム状に分類される。それぞれ溶剤に溶かして使用したり、熱で軟化・流動させて使用する。テープ形はテープ状に加工された接着剤で、粘着形とヒートシール形がある。

1.3　固化様式による分類

　接着剤は液体から固体になることで接着力を発現するが、この液体から固体になる過程すなわち固化(硬化)にはいくつかの様式があり、この固化様式によって接着剤を分類することができる(表 2-1-2)。

　溶剤揮散型は、初期状態では合成樹脂やゴムなどの高分子固体を水、アルコール、有機溶剤などに溶かしたものが、溶剤の部分だけが揮散することにより固形分がセットされるタイプの接着剤である。水揮散型は有機溶剤揮散型より初期接着が悪く、固化に時間がかかる。いずれも主成分を溶かす溶剤に対しては弱いが、逆にビンのラベルなどを剥がせる接着剤として、使用後の分離の際には有用である。

　ホットメルト型は加熱によって溶融、流動化した状態で圧着し、そのまま圧締、放冷して固化させるタイプの接着剤である。当然のことながら再加熱する

表 2-1-3 接着強さによる分類

用　途	分子形態	固化様式	接着剤の例
構造用	熱硬化性	化学反応型	フェノール樹脂、レゾルシノール樹脂、水性高分子-イソシアネート系、エポキシ樹脂
非構造用	熱可塑性	溶剤揮散型 ホットメルト型	酢酸ビニル樹脂エマルジョン、ゴム系、カゼイン、EVA系

表 2-1-4　集成材の使用環境と使用可能な接着剤[7]

区　分	使用環境	積層方向、幅方向の接着及び二次接着	長さ方向の接着
構造用集成材	使用環境 A	RF、RPF	RF、RPF、MF
	使用環境 B	RF、RPF	RF、RPF、MF
	使用環境 C	RF、RPF、API	RF、RPF、API、MF、MUF
造作用集成材	—	規定なし	規定なし

RF：レゾルシノール樹脂、RPF：レゾルシノール・フェノール樹脂、API：水性高分子-イソシアネート系樹脂、MF：メラミン樹脂、MUF：メラミン・ユリア共縮合樹脂

と流動化して接着力を失うが、短時間で接着が可能である。

化学反応型は初期状態ではモノマーやオリゴマーなどの高分子の前駆物質の液体であるが、触媒、硬化剤を加えたり、加熱したりすることで重合反応や架橋反応を起こして高分子化し、硬化・固化するタイプの接着剤である。分子的には三次元架橋を形成するものが多く、完全に反応すると不溶不融の高分子になり強固な接着力を発揮する。そのため主として構造用用途に使用される。

1.4　接着強さによる分類

接着した製品が実際に使用される環境によって、要求される接着強さの性能が決まってくる。常時力がかかったり、耐候性や耐久性が求められる構造用部材から、造作用品まで用途に応じた接着剤を適正に使用することが重要である。表 2-1-3 に主な木材用接着剤の接着強さによる分類を示す。一般的に熱硬化性の樹脂や化学反応系の樹脂は構造用に、ゴムなどの弾性系（エラストマー）や熱可塑性の樹脂、天然系の接着剤は非構造用に分類される。木質材料の場合、構造用にはレゾルシノール樹脂（RF）、フェノール樹脂（PF）、水性高分子－イソシアネート（API）系、エポキシ樹脂接着剤などが主として用いられる。ま

表 2-1-5　木材製品と使用される接着剤

用途・製品		主に使用される接着剤
一次加工用	合板	ユリア樹脂(JAS 2類)、メラミン・ユリア共縮合樹脂(JAS 1類)、フェノール樹脂(JAS特類)、α-オレフィン樹脂、水性高分子-イソシアネート系
	パーティクルボード、繊維板	ユリア樹脂(Uタイプ)、メラミン・ユリア共縮合樹脂(Mタイプ)、フェノール樹脂(Pタイプ)、イソシアネート系
	集成材	レゾルシノール樹脂、水性高分子-イソシアネート系、変性酢酸ビニル樹脂
二次加工用	表面化粧材 (突き板、シート等)	ユリア樹脂、酢酸ビニル樹脂エマルジョン、合成ゴム系、α-オレフィン樹脂
	フラッシュパネル	酢酸ビニル樹脂エマルジョン、水性高分子-イソシアネート系
家具、木工用		酢酸ビニル樹脂、水性高分子-イソシアネート系、α-オレフィン系、変性酢酸ビニル樹脂、ホットメルト系、合成ゴム系、シアノアクリレート
建築施工用 天井・壁・床張り等		酢酸ビニル樹脂エマルジョン、酢酸ビニル樹脂溶剤形、合成ゴム系、ウレタン樹脂系、エポキシ系、アクリル系

た造作用には酢酸ビニル樹脂エマルジョン接着剤などが主として用いられる。

特に構造用集成材は、建物の安全への信頼性を確保するため、集成材の日本農林規格(JAS)[7]では、使用される環境によって使用可能な接着剤の種類を耐久性の実績等により定めている。集成材の使用環境と使用可能な接着剤を表 2-1-4 に示す。またボード類は耐水性によって接着剤が分類されている[8]。

1.5　用途による分類

木材用接着剤はその硬化性によって合板やボード類の製造に用いられるホルムアルデヒド系接着剤等の加熱硬化型と集成材や二次加工、建築施工、家具、木工などで用いられる常温硬化型の2つに大別される。

用途別に分類すると、合板やボード類製造に安価で大量に使用される一次加工用接着剤と化粧合板などに使用される二次加工用接着剤、そして家具・木工、建築施工用接着剤に分けられる(表 2-1-5)。ホルムアルデヒド系樹脂は一次加工用接着剤のうち合板、パーティクルボード、繊維板製造に主として用いられ、集成材には常温硬化型のレゾルシノール系樹脂、メラミン樹脂、水性高分子-イソシアネート系樹脂接着剤が用いられる。また、合板やボードに突き板やプラ

表 2-1-6 木材と異種材料に適した建築施工用接着剤 [9-11]

用途	下地用木質材料の相手となる被着材		接着剤の例
壁・天井ボード用接着剤 (JIS A 5538)		木材、合板、繊維板、パーティクルボード	酢酸ビニル樹脂系エマルジョン形、合成ゴム溶剤形
		せっこうボード	酢酸ビニル樹脂系溶剤形、ビニル樹脂系エマルジョン形、合成ゴム系溶剤形
		木毛セメント板、フレキシブル板、けい酸カルシウム板	酢酸ビニル樹脂系溶剤形、合成ゴム系溶剤形
		ロックウールボード、グラスウールボード	酢酸ビニル樹脂系溶剤形、酢酸ビニル樹脂系エマルジョン形、合成ゴム系溶剤形
床仕上げ材用接着剤 (JIS A 5536)	高分子系張り床材	ビニル系床タイル	◎酢酸ビニル樹脂系溶剤形、ビニル共重合樹脂系エマルジョン系、ビニル共重合樹脂系溶剤形、アクリル樹脂系エマルジョン形、ゴム系ラテックス形、○エポキシ樹脂系、ウレタン樹脂系
		リノリウム系	◎アクリル樹脂系エマルジョン形、ウレタン樹脂系、○ゴム系ラテックス形、エポキシ系
		ゴム系	◎ゴム系溶剤形、ウレタン樹脂系、○エポキシ樹脂系
		タイルカーペット	◎アクリル樹脂系エマルジョン形
	木質系床材	単層または複合フローリング	◎エポキシ樹脂系、ウレタン樹脂系、変性シリコーン系、○酢酸ビニル樹脂系エマルジョン形、ビニル共重合樹脂系溶剤形、アクリル樹脂系エマルジョン形
発泡プラスチック保温板用接着剤 (JIS A 5547)		ポリスチレンフォーム	酢酸ビニル樹脂系溶剤形、酢酸ビニル樹脂系エマルジョン形、ゴム系ラテックス形、再生ゴム系溶剤形、エポキシ樹脂系、ウレタン樹脂系、変性シリコーン樹脂形、ポリマーセメント系
		硬質ウレタンフォーム	酢酸ビニル樹脂系溶剤形、ゴム系溶剤形、酢酸ビニル樹脂系エマルジョン形、ゴム系ラテックス形、エポキシ樹脂系、ウレタン樹脂系、変性シリコーン樹脂系

注) ◎最適、○適

スチックシート、紙などを貼って作られる化粧板や家具、各種複合パネルなどの二次加工品には、酢酸ビニル樹脂エマルジョン系、ホットメルト系、合成ゴム系、水性高分子-イソシアネート系樹脂接着剤が用いられる。そして、建築現場での接着に用いられるものでは構造用にウレタン樹脂系、エポキシ系樹脂が、

表 2-1-7　ホルムアルデヒド放散による区分[9-11]

区　分	記　号	内　容
F☆☆☆☆等級	F☆☆☆☆	ユリア樹脂、メラミン樹脂、フェノール樹脂、レゾルシノール樹脂、ホルムアルデヒド系防腐剤、メチロール基含有モノマー及びロンガリット系触媒のいずれも使用してはならない。
	F☆☆☆☆	放散速度が 5 以下のもの
F☆☆☆等級	F☆☆☆	放散速度が 20 以下のもの
F☆☆等級	F☆☆	放散速度が 120 以下のもの

単位：μg/（m^2・h）

内装用にはこれらの他に合成ゴム系、アクリル系樹脂などが用いられる。

1.6　被着材による分類

木材接着には木材同士を接着する場合と、木材と木材以外の異種材料とを接着する場合がある。特に建設現場等では木材・木質材料を下地材としたときに、壁や床などに様々な木材以外の材料を接着によって固定するケースが増え、木材と合成樹脂、木材と金属、木材と断熱材など相手となる被着材の種類・性質によって選定される接着剤が異なる。**表 2-1-6** に木材・木質材料の相手となる被着材とそれに適する接着剤の例を示す。

1.7　ホルムアルデヒド放散による区分

2003 年に行われた建築基準法の改正に伴う JIS 改正により、建築用接着剤 JIS の全てにホルムアルデヒド放散による区分が盛り込まれ、放散等級による表示を義務づけることとなった。一例として **表 2-1-7** に建築用接着剤の JIS[9-11] に掲載されているホルムアルデヒド放散による区分を示す。

● 文　献

1) 小野拡邦："木材の接着・接着剤"、富田文一郎編、産調出版、p. 28-41（1996）
2) 日本接着学会編："接着剤データブック 第 2 版"、日刊工業新聞社（2001）
3) 高分子刊行会："接着便覧 第 23 版"、高分子刊行会（2003）
4) 塔村真一郎："木材工業ハンドブック改訂 4 版"、森林総合研究所監修、丸善、p. 697（2004）

5) 小野拡邦："木材接着講習会テキスト"、日本木材加工技術協会 (2008)
6) 若林一民："接着応用技術"、宮入裕夫編、日経技術図書、p. 95 (1991)
7) 集成材の日本農業規格(農林水産省告示第 1152 号)、日本合板検査会 (2007)
8) JIS A 5905　繊維板、JIS A 5908 パーティクルボード、日本規格協会 (2003)
9) JIS A 5538　壁・天井ボード用接着剤　解説、日本規格協会 (2002)
10) JIS A 5536　床仕上げ材用接着剤　解説、日本規格協会 (2003)
11) JIS A 5547　発泡プラスチック保温板用接着剤　解説、日本規格協会 (2003)

第2節　主要接着剤の特性と製造方法

2.1　エマルジョン系接着剤
(1) 酢酸ビニル樹脂エマルジョン接着剤[1,6)]

比較的広範囲の材料に対してよく接着するが、特に紙や木質などの繊維素材への接着性に優れている。比較的安価であるため、一般家庭でも日常的に使用されている。酢酸ビニル樹脂系エマルジョンは、ポリビニルアルコール(PVA)などを乳化剤(保護コロイド)として、酢酸ビニルモノマーを乳化重合して得られる乳白色の液体である。

a) 加硫酸塩系開始剤による乳化重合

500 ml 容の三つ口フラスコに攪拌機、逆流冷却管、温度計を付し水浴上に設置する。この反応フラスコに、PVA 5 g と蒸留水 110 g を加え攪拌しつつ加温し、溶解させる。PVA が完全に溶解したら内温を 40 ℃ 以下に冷却し、直前に蒸留した酢酸ビニルモノマー 45 g と過硫酸カリ 0.3 g を加える。攪拌を行いつつ徐々に水浴の温度を上げ 70 ℃ に保つ。内温が高すぎたり、攪拌があまり激しすぎるとモノマーが吹き出すので注意すること。30～40 分間でモノマーの還流は止まるので、これを確認し、15 分間、水浴を 80 ℃ に保った後、冷却する。

b) レドックス系開始剤による乳化重合 (図 2-2-1)

酢酸ビニルモノマーを使用直前に蒸留しておく(沸点 72 ℃)。500 ml 容の四つ口フラスコに攪拌機、逆流冷却器、温度計、滴下漏斗を付し、水浴上に設置する。この反応フラスコに PVA 6.6 g、酢酸ナトリウム 1.3 g、蒸留水 100 ml を加えた後、攪拌を始め、加温しつつ完全に溶解させる。別に、30 % 過酸化水素水 1.2 g と酒石酸 0.33 g を用いて 6.6 ml の水溶液を用意し重合開始剤とする。

反応フラスコの PVA が完全に溶解したら内温を 70 ℃ に調整し攪拌を続け、次表のように重合開始剤と酢酸ビニルモノマーの滴下を開始する。重合開始剤溶液は開始時に、2.4 ml 加え、以後 15 分ごとに 0.7 ml 添加する(表 2-2-1)。添加は逆流冷却器の上部からピペットで行う。モノマー 47 g は

$$n\mathrm{CH_2{=}CH} \longrightarrow -(\mathrm{CH_2{-}CH})-n$$
$$\quad\ \ |\qquad\qquad\qquad\qquad\ \ |$$
$$\ \ \mathrm{OCOCH_3}\qquad\qquad\quad\mathrm{OCOCH_3}$$

図 2-2-1　反応式

7回に分割し、1回につき6.7gを滴下漏斗に加え、均一に15分間かけて滴下する。滴下をあまり急速に行うと、泡立ちが激しくなり反応液がフラスコから吹き出すので注意すること。モノマーを滴下終了後、外浴を80℃に約15分間保ち、モノマーの還流が行われていないのを確認し、反応液を室温に冷却し終了する。

c) 最低造膜温度（指定温度方法）

試料をJIS R 3503に規定する清浄なスライドガラス板上に一面に広げ、表に示す温度で湿度はできる限り低湿度に保って乾燥し、厚さ0.1～0.3 mmの均一な皮膜を作る。乾燥物が一様な連続皮膜を形成し、更に皮膜が白濁しない最低温度を求め、最低造膜温度とする（表2-2-2）。

表2-2-1　開始剤とモノマーの考え方[1]

反応時間	開始剤量	モノマー量
0（開始時）	2.4 ml	6.8 g
15分後	0.7	6.7 g
：（15分ごと）	:	:
90分後	0.7	6.7
合　　計	6.6 ml	47.0 g

表2-2-2　接着剤の品質

試験項目	1種	2種	3種
	通年用	夏用	冬用
外観	乳白色で粗粒子及び異物がないこと。		
pH	3～7		
粘度 Pa·s	1.0以上		
不揮発分 %	40以上		
灰分 %	1以上		
最低造膜温度 ℃	2以下	2を超え15以下	2以下

JIS K 6804を改変

(2) 水性高分子-イソシアネート系（APIまたはWPI）接着剤[2]（図2-2-2）

水性高分子-イソシアネート系接着剤は、高分子水溶液や水系エマルジョン等を主成分とした活性水素を有する主剤に分子中に2個以上の－NCO基を有するイソシアネート化合物（pMDI等）を架橋剤として混合し使用する接着剤である。主剤や架橋剤の組成により硬化した接着剤フィルムは硬いものから柔軟なものまで設計でき、高い耐水性能が得られる事より木質材同士の接着を主とし、多様な被着材の接着が可能である。接着剤のpHは中性付近であり、木材の変色が少なく、比較的短時間の圧縮作業が可能であるが、欠点として架橋剤配合後の可使時間が短い、乾きが早い、機械に付着し硬化した場合取り除くのが困難なこと、架橋剤のイソシアネート化合物の取り扱いに注意が必要である事な

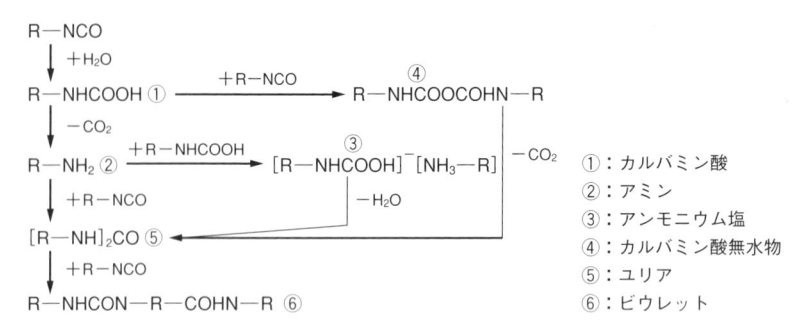

$$R-NCO$$
$$\downarrow +H_2O$$
$$R-NHCOOH \;① \xrightarrow{+R-NCO} R-NHCOOCOHN-R \;④$$
$$\downarrow -CO_2$$
$$R-NH_2 \;② \xrightarrow{+R-NHCOOH} [R-NHCOOH]^-[NH_3-R] \;③ \xrightarrow{-CO_2}$$
$$\downarrow +R-NCO \qquad\qquad -H_2O$$
$$[R-NH]_2CO \;⑤$$
$$\downarrow +R-NCO$$
$$R-NHCON-R-COHN-R \;⑥$$

①：カルバミン酸
②：アミン
③：アンモニウム塩
④：カルバミン酸無水物
⑤：ユリア
⑥：ビウレット

図 2-2-2　イソシアネートと水系の反応

どがある。現在では集成材の接着において圧縮時間が比較的短く生産効率がよいこと、ホルムアルデヒドの放散がないこと、高い接着性能が得られること等により使用量が増えている。

　主剤の成分としては主に、PVA、エチレン・酢酸ビニル共重合樹脂(EVA)エマルジョン、スチレン・ブタジエン共重合樹脂(SBR)等ラテックスが主原料であり、充填剤(増量剤)として炭酸カルシウム等の無機物や有機物の粉末、他に分散剤、消泡剤、浸透剤、防腐・防カビ剤などが使用される。ここに記載した主原料は代表的なものであり、水溶性の高分子化合物やエマルジョンの形態をしている樹脂で有れば原料として使用可能なものは多数有る。これらの原料を組み合わせ、固形分として 40～60％ としたものが現在製品として生産されている。

　接着剤の製造方法としては、PVA を水溶液としたものに炭酸カルシウム、エマルジョン系の原料、その他の原料を順次撹拌しながら混合していく。組み合わす配合比率はどの様な被着材をどの様な工程で接着を行うかにより決める。例えば、集成材などを接着する場合、接着剤を材料に塗布してからプレスにて加圧するまでの時間が長い場合は、加圧する前に接着剤が乾いてしまわないよう、固形分を低くし、水分量を多くする。プレス時間を短くしたい場合は出来るだけ水分量を減らし、固形分を高くした配合とする等の調整を行う。木質材料とプラスチック系の材料を接着する場合は、使用する原料をプラスチック系の材料と馴染みの良い原料を選択する、等目的に合わせて使用する原料の種類、配合比率を決定する。以下に木質材料同士の接着を行う際の接着剤の製造方法

第2節 主要接着剤の特性と製造方法

を記載する。

a) 接着剤の製造方法例

使用する原料
- PVA：部分鹸化ポバール、重合度 1000 から 2000 程度のもの
- SBR：接着用途向けの製品
- EVA：接着用途向けの製品
- 炭酸カルシウム：重質炭酸カルシウム、粒子径 2 ～ 4 μm 程度
- 分散剤：炭酸カルシウムの沈降防止用
- 防腐・防カビ剤：工業用エマルジョン用
- 消泡剤：水系用
- 水：PVA の溶解に使用

PVA の溶解

PVA は通常粉末の状態である為、溶解し水溶液として使用する。溶解の方法は、フラスコなどの撹拌、還流の行うことの出来る容器に、濃度が 15 ％ となるようにフラスコ内に水を入れ、PVA の粉末を撹拌しながら添加し加温を行う。フラスコ内の液温を 90 ～ 95 ℃ に 30 ～ 60 分保ち PVA を溶解する。溶解の確認を行った後、室温まで冷却する。溶解の濃度は接着剤の使用目的や粘度調整のために、調整することは可能である。

各種原料の混合

各原料の配合比率は、①PVA 水溶液(15 %)：100 重量部、②分散剤：0.4 重量部、③炭酸カルシウム：100 重量部、④消泡剤：0.2 重量部、⑤SBR：100 重量部、⑥EVA：100 重量部、⑦防腐・防カビ剤：0.2 重量部 とする。

この配合は一例であり、実際の製品では要求される性能により各原料の比率や種類を変え配合している。

混合の方法は容器と撹拌を行う為のスクリュー形状の撹拌翼(撹拌翼の形状は特に規定しない)を用意し、上記原料を①から⑦の順で所定量加え、混ぜていく。炭酸カルシウムの添加の際には、徐々に加え継子(固まり)を作らないように注意する。炭酸カルシウムの添加の際、空気を巻き込む為、消泡剤を添加し混入した空気(泡)を消す。この際、消泡剤の全量を添加せず3分の1程度残し、最後に残りを添加した方が良い。炭酸カルシウムが均一に分散した後、⑤以降

の原料を順次添加する。全ての原料を混合し、均一な常態として攪拌を終了し、主剤となる。混合を行う時間については特に決まりはなく、攪拌の状況により均一になるまでの時間とする。

架橋剤のイソシアネート系化合物は、市販されている pMDI(ポリメリック MDI)をそのまま使用することが可能である。

2.2 合成樹脂系接着剤
(1) ユリア樹脂(UF)接着剤

主に木質材料の製造あるいはその二次加工用途、木工用に使用される。安価であり、使いやすいなどの理由により国内では、メラミン樹脂接着剤、フェノール樹脂接着剤と合わせると、木質材料のうち合板、パーティクルボード、MDF(中質繊維板)の95％以上にこれらのホルムアルデヒド系樹脂接着剤が使用されている。

a) ユリアとホルムアルデヒドの反応

尿素(ユリア)とホルムアルデヒドは塩基性下においては、**図2-2-3**のように付加反応を起こし、メチロール体を生成する。また、酸性下ではメチロール基とアミノ基による縮合反応が主体となる。例えば、モノメチロール尿素は直鎖状のポリメチレン尿素を生成する。樹脂の合成の場合は多種の付加体の混合物

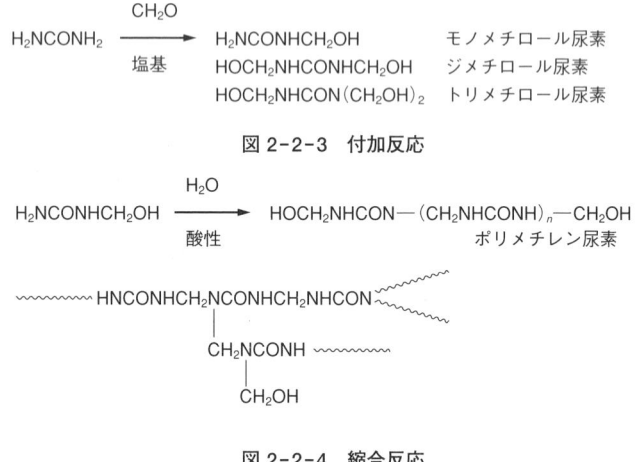

$$H_2NCONH_2 \xrightarrow[\text{塩基}]{CH_2O} \begin{array}{l} H_2NCONHCH_2OH \quad \text{モノメチロール尿素} \\ HOCH_2NHCONHCH_2OH \quad \text{ジメチロール尿素} \\ HOCH_2NHCON(CH_2OH)_2 \quad \text{トリメチロール尿素} \end{array}$$

図2-2-3 付加反応

$$H_2NCONHCH_2OH \xrightarrow[\text{酸性}]{H_2O} HOCH_2NHCON-(CH_2NHCONH)_n-CH_2OH \quad \text{ポリメチレン尿素}$$

$$\sim\sim\sim HNCONHCH_2NCONHCH_2NHCON \sim\sim\sim \\ \quad\quad\quad\quad\quad\quad\quad | \\ \quad\quad\quad\quad\quad CH_2NCONH \sim\sim\sim \\ \quad\quad\quad\quad\quad\quad\quad | \\ \quad\quad\quad\quad\quad\quad CH_2OH$$

図2-2-4 縮合反応

をそのまま酸性下で縮合させるため、縮合度や付加度の異なる多分子種の混合体が得られる。ホルムアルデヒドと尿素の配合モル比(F/U)により得られる樹脂の構造は変化するが、一般には図2-2-4のような構造を有するランダムな混合物と考えられる。

(2) 合板用ユリア樹脂接着剤の合成

500 ml容の四つ口フラスコに攪拌機、逆流冷却管、温度計を付し、尿素120 g(2 mol)を入れ水浴中におく。残る側管は栓をしておき試料のサンプリングに用いる。500 ml容のビーカーに37％ホルマリン324 g(4 mol)をとり5％NaOHを添加しBTB試験紙を用いてpH 7.0〜7.5に調整後、反応フラスコに加える。尿素が溶解するまで攪拌し、10％NaOHまたは10％酢酸を用いてpH 8.6〜8.8に調整する(TB紙)。攪拌しつつ加熱を開始し、30〜40分間で反応液の温度が85℃となるように昇温する。昇温開始以後10分毎にpHを測定する(TB、BTB紙)。85℃15分間保持後、10％酢酸を用いてpH 5.0に調整する(BCG紙)。これ以後85℃を保持し、5分毎に白濁法によって縮合の程度を追跡する。100 ml容のビーカーに約25℃の水を約100 mlとり、これに反応液を1滴滴下する。はじめのうち反応液は水に分散し溶解するが、縮合が進むにつれて分散性が悪くなり、ついには分散せず反応液が白濁するようになる。縮合反応を終えpHを8.0〜8.2に調整した後、反応液の温度を60℃に冷却する。別に用意した尿素40 g(0.67 mol)を側管から注意深く反応フラスコに加える。添加後、攪拌を開始し60分間、60℃に保ち、次に常温まで冷却する。最終的な樹脂の合成モル比はF/U＝1.5となり、不揮発分は50％前後となる。

横軸に反応時間をとり、これとpH、温度の関係を工程図に記録し保管する。

(3) メラミン・ユリア共縮合樹脂(MUF)接着剤の合成[4] (図2-2-5)

500 ml容の四つ口フラスコに攪拌機、逆流冷却器、温度計を付し、54 g(0.9 mol)の尿素と113 g(0.9 mol)のメラミンを入れ水浴上に設置する。500 mlのビーカーに37％ホルマリン329 g(4.06 mol)をとり、pHメーター(又は、BTB試験紙)を用い10％Na_2CO_3でpH 7.5に調整後、反応フラスコに添加する。攪拌と水浴の加熱を始め、約30分間で反応の温度を85℃とし、以後、その温度を保持する(温度が上ってくるとメラミンが溶けてくる)。5分毎に白濁法(常温硬化型ユリア樹脂と同様に判定する)により縮合の程度を判定する。終点に達したら

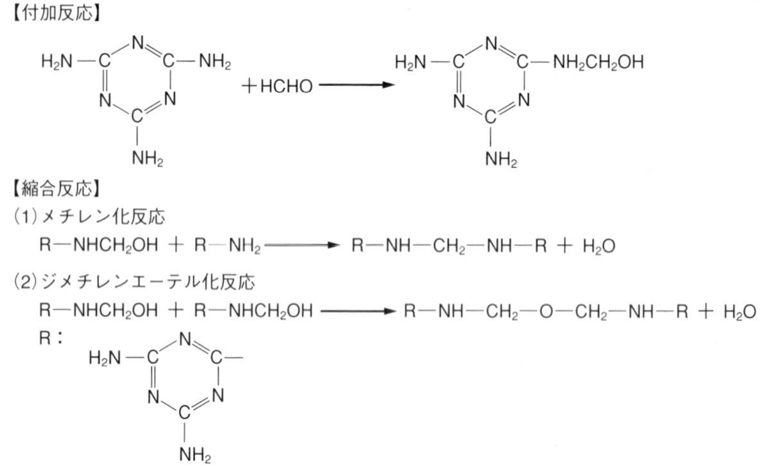
【付加反応】
+HCHO
【縮合反応】
(1)メチレン化反応
R—NHCH₂OH + R—NH₂ → R—NH—CH₂—NH—R + H₂O
(2)ジメチレンエーテル化反応
R—NHCH₂OH + R—NHCH₂OH → R—NH—CH₂—O—CH₂—NH—R + H₂O
R：

図 2-2-5　付加反応　縮合反応

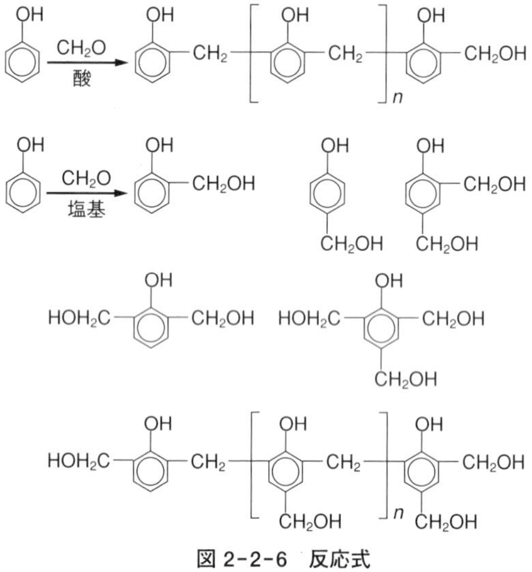
CH₂O
酸
CH₂O
塩基

図 2-2-6　反応式

室温まで水冷後、pH を 8.5～9.0 に調整する。

(4) フェノール樹脂(PF)接着剤

a) フェノールとホルムアルデヒドの反応（図 2-2-6）

フェノールとホルムアルデヒドの反応は、酸性下と塩基性下で著しく異な

る。酸性下ではメチレン結合が主体となったノボラックが生成するが、塩基性下ではメチロール基を有する低核体の混合物であるレゾールを生成する。一般に、ノボラックは低モル比(ホルムアルデヒド/フェノール)の条件で合成されるが、レゾールは高モル比で合成される。ホルムアルデヒドの反応は、オルト位またはパラ位に生じるが、触媒の種類によってその比率が異なる。ノボラックは、通常ヘキサメチレンテトラミンなどを硬化剤として使用する有機溶剤可溶の樹脂である。レゾールは、水溶性であり高温に加熱するか、強酸性下で硬化するもので、木材工業で広く使用されている。

b) 水溶性フェノール樹脂(レゾール)の合成

500 ml容の三つ口フラスコに、撹拌機、逆流冷却管、温度計を付し水浴上に組み立てる。90%フェノール104 gと37%ホルマリン162 gを反応フラスコに加える。次いで、NaOH16 gを水22 mlに溶かした液を反応フラスコに撹拌しつつ加える。反応フラスコの加熱を始めてからNaOH溶液を加えると急激に反応し、吹き出し危険なので注意すること。水浴の加熱を開始し、水浴が沸騰し始めてから約1時間反応させた後、反応を止め流水で冷却する。

c) アルコール溶性フェノール樹脂(常温硬化型フェノール樹脂)の合成

500 ml容の三つ口フラスコに、撹拌、逆流冷却器、温度計を付し水溶上に組み立てる。90%フェノール104 g、37%ホルマリン122 g、25%NaOH水溶液15 g 水17.5 mlを反応フラスコに加えた後、加熱を開始し、90〜100℃で約2時間反応後、室温まで冷却する。触媒として用いたNaOHを中和できる計算量のHClを加え、pH試験紙によって中和を確認し、放置しておくと水層が分離してくる。水層をデカンテーションにより除いた後、ロータリーエバポレーターで減圧下に加熱脱水し、計算量のメタノールに溶解し、約75%溶液とする。

(5) レゾルシノール樹脂(RF)接着剤
a) レゾルシノールとホルムアルデヒドの反応(図2-2-7)

レゾルシノールとホルムアルデヒドは、塩基性下で激しく反応するため、メチロール基を有する低核体の混合物を生成しながら最終的に低モル比(ホルムアルデヒド/レゾルシノール)の条件で合成される。ホルムアルデヒドの反応は、オルト位またはパラ位に生じるが、F/Rモル比は約0.6に設定されており貯蔵性に優れている。レゾルシノール樹脂は、通常パラホルムアルデヒドを硬化剤

として使用する水溶性の樹脂であり、過酷な環境下でも使用可能であり木材用接着剤において最も信頼性が高い。

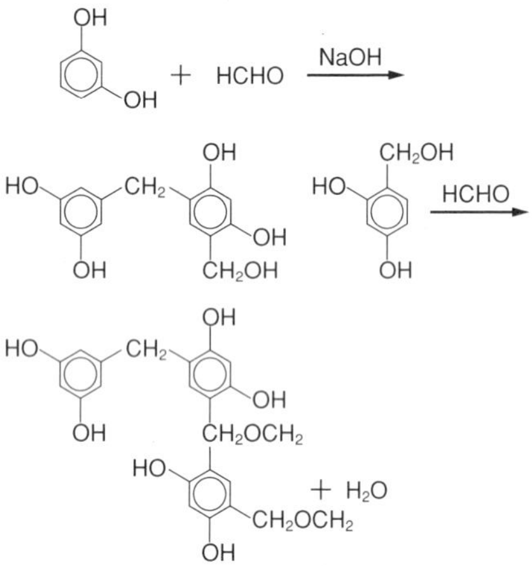

b) レゾルシノール樹脂の合成

500 ml 容の四つ口フラスコに、撹拌機、逆流冷却管、温度計を付し水浴上に組み立てる。レゾルシノール 201 g と 37％ホルマリン 83 g を反応フラスコに加える。NaOH 3.5 g を水 3.5 ml に溶かした液を反応フラスコに撹拌しつつ加える。次いで、反応フラスコの加熱を始め 70℃で温度が一定になってから、側管に取り付けた滴下ロートから 37％ホルマリン 80 g を約 1 時間かけて、途中発熱に注意しながら滴下する。37％ホルマリンを短時間で加えると急激に反応し、吹き出し危険なので注意すること。滴下が完了して、反応を止め流水で冷却する。

図 2-2-7　反応式

c) 試験方法

一般的な試験方法を JIS K 6807「ホルムアルデヒド樹脂木材用液状接着剤の一般試験方法」に規定される方法に沿って示す。

1) 外観の試験方法 (JIS K 6807 の 6.1)

外観は、試料を清浄な板ガラス上にガラス棒などで均一に薄く広げ、直ちに粗粒子、砂、ごみ、錆など接着に支障となる異物の有無を目視で調べる。

2) 不揮発分の試験方法 (JIS K 6833-1 の 5.5.2)

平形はかり瓶又はアルミニウムはくの皿 50×30 mm に、表に示す量の試料を採り、その質量を正確に量る。それを **表 2-2-3** に示す乾燥温度に保った恒温槽の中心部で表に示す一定時間乾燥した後、デシケーターの中で放冷し、その質量を量る。同一試料について 2 回以上測定を行う。

不揮発分は、次の式によって算出する。

第2節 主要接着剤の特性と製造方法

表 2-2-3 不揮発分の試験条件 [5]

接 着 剤	試料の採取量 g	乾燥温度 ℃	乾燥時間 分
ユリア及びメラミン・ユリア共縮合樹脂接着剤	1.5±0.2	105±2	180
フェノール及びレゾルシノール系樹脂接着剤	1.5±0.2	135±2	60
合成樹脂エマルジョン形接着剤及びラテックス系接着剤	1.0±0.2	105±2	60
その他の接着剤	1.0±0.2	105±2	180

$$N = \frac{Wd}{Ws} \times 100 \qquad (2\text{-}2\text{-}2)$$

ここで、N は不揮発分 [%]、Wd は乾燥後の試料の質量 [g]、Ws は乾燥前の試料の質量 [g] である。

上式による2個の測定値の平均値を求める。

3) 水混和性の試験方法

試験方法は JIS K 6807 の 6.6 の B 法(促進評価による検査の場合)による。

試料約5gを三角フラスコに量り採り、温度計を入れて、23±1℃に保った浴液中に浸して、試料を23±1℃にしておく。これに、あらかじめ23±1℃に保った水をビュレット又はメスシリンダーから徐々に注入し、水と試料がよく混和するようにかき混ぜる。よく混和したら、再び注入してかき混ぜ、フラスコ内壁に不溶物が付着するまで注入した水の量を ml のけたまで読み取り、水混和性(L) は、次の式によって整数倍率で求める。

$$L = \frac{W}{S} \qquad (2\text{-}2\text{-}3)$$

ここで、L は水混和性(倍数)、W は注加した水の量 [ml]、S は試料の重量 [g] である。参考：(2-2-3)式の結果を100倍して、％表示してもよい。

4) pH の試験方法 (JIS K 6833-1 の 5.3)

pH 計は JIS Z 8802 に規定する形式Ⅲ又は同等のものを使用する。

pH 計の調整は JIS Z 8802 の 7.(操作方法)による。

測定に際し、試料は測定値が変化しないよう十分な量を採り、測定中、液温は 23±2℃に保持する。引き続いて測定された3回の結果が pH 計の精度以内の範囲で一致するまで行う。

結果の表示は測定値の平均を求め、小数点以下1けたで表示する。

簡便法として、市販の pH 試験紙のうち、適切な pH 範囲のものを用い、比色法によって pH 測定を行ってもよい。

5) 粘度の試験方法（JIS K 6833-1 の 5.4）

粘度計は JIS K 7117 に規定する単一円筒回転粘度計を使用する。

試料約 500 ml を気泡が混入しないように試料容器に入れ、試料の液面が恒温浴槽の電熱媒体の液面より低くなるよう試料容器を保持する。必要に応じてガラス棒でかき混ぜ、試料各部の温度差及び試験温度($23±1$ ℃)との差がなくなるよう十分な時間保持する。

粘度計にガードとスピンドルを取り付ける。スピンドルは、回転数とスピンドル番号の組み合わせによって、粘度測定時に指針が 20～100％の範囲に入るものを選定する。昇降ハンドルを回してスピンドルに気泡が付かないように注意をしながら粘度計を静かに下げ、スピンドルの浸液位置の中央が試料の液面に達したところで止める。

水平調節ねじを調節して粘度計を水平にした後、スピンドルが試料容器の中心にあることを確かめ、粘度計の変速つまみによって回転数を所定の値に設置する。

試料の温度が $23±1$ ℃になったのを確認してから電源スイッチを入れ、スピンドルを回転させる。クランプレバーで指針のクランプを外す。目盛板上の指針の指示が安定したとき、又は回転開始から所定時間後に指針の指示値を 1/4 目盛まで読み取る。試験は、毎回新しい試料を用いて、上記の操作を 2 回以上繰り返す。

粘度は、次の式によって算出し、有効数字 2 けたに丸める。

$$\eta = K_n \times \overline{\theta} \qquad (2\text{-}2\text{-}4)$$

ここで、η は粘度［mP・a 又は Pa・s］、K_n は粘度計に添付されている換算乗数、$\overline{\theta}$ は 2 回の測定の粘度計指示値の平均である。

6) ゲル化時間の試験方法

試験方法は JIS K 6807 の 6.8 に規定される A 法(ユリア樹脂木材用接着剤及びメラミン・ユリア共縮合樹脂木材用接着剤の場合)による。

測定温度が $23±1$ ℃又は $50±1$ ℃の場合　試料 10 g を試験管に量り採り、

これに硬化剤1mlを加え、かき混ぜ棒を入れて、素早くかき混ぜると同時にその開始時間を読み、直ちに、その試験管を測定温度(23±1℃、50±1℃)に保った恒温浴槽中に、試料面が浴液面下約2cmになるように浸す。この試料を時々かき混ぜ、かき混ぜ棒をわずかに試料に触れて引き上げたとき、付着した試料が糸を引かなくなるまでの時間を計る。これらの操作は、2回以上行い、その平均時間を分単位で表し、試料のゲル化時間とする。

測定温度が100±1℃の場合　適切な容器に試料100gおよび硬化剤10mlを入れ、よく混合後、その2gを試験管に量り採り、かき混ぜ棒を入れ、100±1℃に保った恒温浴槽に、試料が浴液面下約2cmになるように浸したときを開始時間とする。この試料をかき混ぜ棒で連続してかき混ぜ、試料がペースト状又はかき混ぜ棒が動かなくなるまでの時間を計る。これらの操作は2回以上行い、その平均時間を秒単位で表す。

7) 密度の試験方法

試験方法はJIS K 6807の6.9の浮ひょう法か、JIS K 6833-1の5.2に規定の方法による。

浮ひょう法：気泡が入らないように試料をシリンダーに採り、恒温浴槽中に保持して、かき混ぜ棒で試料を上下にかき混ぜた後、温度計を全浸没にして試料の温度を測る。試料の温度が23±1℃になったら、あらかじめ23℃近くに保った清浄な浮ひょうを静かに試料中にいれて静止させた後、更に、約2目盛だけ液中に沈めて手を離す。目盛りの読み方は、浮ひょうが静止した後、メニスカスの上縁において細分目盛の1/5まで読み取り記録する。水平面示度の記載のある浮ひょうを用いる場合、メニスカスの下縁において細分目盛の1/5まで読み取り記録する。

8) 遊離ホルムアルデヒドの試験方法

試験方法はJIS K 6807の6.6に規定されるA法(塩化アンモニウム法。ユリア樹脂木材用接着剤及びメラミン・ユリア共縮合樹脂木材用接着剤)による。

器具：はかり10mg以下、マグネチックスターラー、共通すり合わせ三角フラスコ、ホールピペット、ビュレット(JIS R 3503)

試薬：メチルレッド－メチレンブルー(JIS K 8801)、0.1 mol/L及び1 mol/L塩酸(JIS K 8180、K 8001)、0.1 mol/L及び1 mol/L水酸化ナトリウム溶液(JIS

K 8576、K 8001)、10％塩化アンモニウム水溶液(JIS K 8116)

操作及び計算：共通すり合わせ三角フラスコにホルムアルデヒド 0.1〜0.3 g を含むような試料を正確に量り採り、水 50 mL を加え、マグネチックスターラーを用いてかき混ぜる。指示薬 2 滴を加えて 0.1 mol/L 塩酸又は 0.1 mol/L 水酸化ナトリウム溶液で中和後、塩化アンモニウム溶液 10 mL 及び 1 mol/L 水酸化ナトリウム溶液を 10 mL をホールピペットを用いて加え、栓をして振り混ぜた後 23±1℃ に保ち、放置中マグネチックスターラーを用いて 30±1 分間かき混ぜる。次に、ビュレットを用いて 1 mol/L 塩酸で滴定を行い、灰青に変わった点を終点とする。参考 液の色は、緑→灰青→赤紫に変色する。なお、空試験を行い、遊離ホルムアルデヒド量は、次の式によって算出する。

同一試料について 2 回以上測定し、平均値を小数点以下 2 けたまで求める。

$$H = \frac{4.5\,C\,(V_0 - V_1)}{m} \tag{2-2-5}$$

ここで、H は遊離ホルムアルデヒド量、C は塩酸の濃度 [mol/L]、V_0 は空試験における塩酸の滴定量 [ml]、V_1 は試験における塩酸の滴定量 [ml]、m は試料の質量 [g] である。参考：この試験方法は、次の式を利用したものである。

$$NH_4Cl + NaOH \rightarrow NH_3 + NaCl + H_2O$$
$$4NH_3 + 6HCHO \rightarrow (CH_2)_6N_4 + 6H_2O$$

● 文　献

1) 富田文一郎：第 8 章　木材用接着剤及び塗料の合成とその利用、"木材科学実験書 II 化学編"、日本木材学会編、中外産業調査会 (1980)
2) 滝　欽二：水生高分子-イソシアネート系接着剤に関する研究、静岡大学農学部演習林報告、第 10 号 (1986)
3) 藤井一郎：第 II 編接着剤、7. 水生接着剤、"接着ハンドブック第 4 版"、日本接着学会編、日刊工業新聞社 (2007)
4) 木下武幸：第 II 編接着剤、4. 合成樹脂系接着剤、接着ハンドブック第 4 版、日本接着学会編、日刊工業新聞社 (2007)
5) 日本規格協会：JIS ハンドブック No. 29 接着
6) 小川慎太郎：第 II 編接着剤、6.2. 酢酸ビニル樹脂エマルジョン、"接着ハンドブック第 4 版"、日本接着学会編、日刊工業新聞社 (2007)

第3節　その他の接着剤の特性

3.1　ウレタン樹脂系接着剤

イソシアネート(R−NCO)と活性水素成分(ポリオール、ポリアミン、水など)との反応によって硬化する接着剤である。ウレタン樹脂の別称"ポリウレタン"とは、イソシアネートとポリオールとの"ウレタン結合"により高分子化するこ

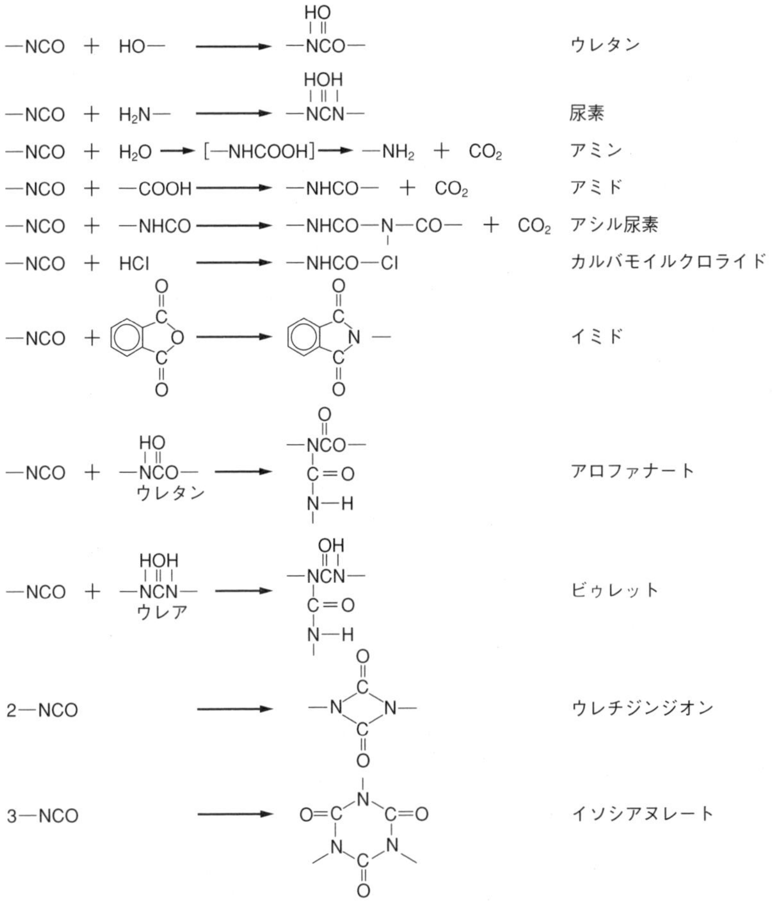

反応	生成物名
−NCO ＋ HO− → −NCO−(HO)	ウレタン
−NCO ＋ H$_2$N− → −NCN−(HOH)	尿素
−NCO ＋ H$_2$O → [−NHCOOH] → −NH$_2$ ＋ CO$_2$	アミン
−NCO ＋ −COOH → −NHCO− ＋ CO$_2$	アミド
−NCO ＋ −NHCO− → −NHCO−N−CO− ＋ CO$_2$	アシル尿素
−NCO ＋ HCl → −NHCO−Cl	カルバモイルクロライド
−NCO ＋ (無水フタル酸) → (フタルイミド構造)	イミド
−NCO ＋ −NCO−(HO) ウレタン → アロファナート構造	アロファナート
−NCO ＋ −NCN−(HOH) ウレア → ビウレット構造	ビウレット
2−NCO → ウレチジンジオン環	ウレチジンジオン
3−NCO → イソシアヌレート環	イソシアヌレート

図2-3-1　イソシアネートの種々の反応[1)]

表2-3-1　ウレタン樹脂系接着剤の主な原料[2]

イソシアネート	芳香族系	2,4-/2,6-トリレンジイソシアネート(TDI-80)、4,4'-ジフェニールメタンジイソシアネート(MDI)
	脂肪族系	ヘキサメチレンジイソシアネート(HDI)、キシリレンジイソシアネート(XDI)、イソホロンジイソシアネート(IPDI)、テトラメチルキシリレンジイソシアネート(TMXDI)など
ポリオール	ポリエーテル系	ポリエチレングリコール(PEG)、ポリプロピレングリコール(PPG)、EO/PO共重合体、ポリテトラメチレンエーテルグリコール(PTMEG)
	ポリエステル系	ポリオール/多塩基酸からのポリエステルポリオール 　ポリオール：エチレングリコール(EG)、ジエチレングリコール(DEG)、1,4-ブタンジオール(1,4-BG)、1,6-ヘキサンジオール(1,6-HG)、ネオペンチルグリコール(NPG)、3-メチルペンタンジオール(MPG)など 　多塩基酸：アジピン酸(AA)、アゼライン酸(AZA)、セバシン酸(SA)、イソフタール酸(IPA)、テレフタール酸(TPA)など ポリカプロラクトンジオール(PCL)、ポリカーボネートジオール
	その他ポリオール	ひまし油、アクリルポリオール、ポリブタジエンジオール、エポキシ樹脂など
鎖延長剤	短鎖ポリオールなど	EG、DEG、1,4-BG、1,6-HG、NPG、MPG、ヒドロキシエチルアクリレート(HEA)、トリメチロールプロパン(TMP) ジメチロールプロピオン酸(DMPA)、イソホロンジアミン(IPDA)など
添加剤	カップリング剤	シランカップリング剤、チタンカップリング剤
	粘着付与剤	テルペン樹脂、ロジン樹脂、フェノール樹脂など
	無機充てん剤	炭酸カルシウム、クレー、酸化チタン、カーボンブラックなど
	揺変性付与剤	エアロジルなど
	安定性	紫外線吸収剤、酸化防止剤、耐熱安定剤など
	触媒	スズ系、3級アミン系など
	その他	消泡剤、レベリング剤、可塑剤など

とに由来する。ポリオール以外の活性水素による硬化反応もあるので、イソシアネートが関与する反応全般を考慮してイソシアネート系接着剤と呼ばれることもある。前述した水性高分子-イソシアネート系接着剤もこれに相当する。図2-3-1[1]にイソシアネートの反応を示す。また、ウレタン樹脂系接着剤の主な原料を表2-3-1[2]に示す。接着剤はイソシアネート、ポリオール、鎖延長剤

を主要成分とし、添加剤が適宜加えられる。これらを組み合わせることによって、要求性能に見合った接着剤が設計できる。一般的なウレタン樹脂系接着剤の特徴は次のようになる。

①構成成分の組み合わせにより、幅広い設計が可能
②反応性が高いため常温接着が可能
③広範囲な被着材に対し優れた接着性を示す
④耐水性、耐熱性、耐薬品性、耐衝撃性などに優れている

木材接着では、木質構造用接着剤として一液湿気硬化型ウレタン接着剤が使用されている。これは木材中に含まれる水分と常温で反応し硬化する。エポキシ樹脂と同等の接着性を示し充填接着性に優れている。木質ボード用には、ポリメリックMDI (pMDI) と呼ばれる芳香族系イソシアネートを主成分としたものが使用されている。ここでの硬化反応も主に木材中の水分との反応である。得られたボードは優れた物性を示し、非ホルムアルデヒド系樹脂接着剤として注目されている。

3.2 アクリル樹脂系接着剤

アクリル樹脂は化学構造式 $CH=C(R^1)COOR^2$ のモノマーを主原料とし、ポリアクリル酸エステルおよびポリメタクリル酸エステルなどの総称である。接着剤としては、無溶剤形、溶剤形、エマルジョン形、ホットメルト形などがある (図 2-3-2)[3]。

(1) アクリル樹脂系エマルジョン形接着剤

アクリル酸あるいはメタクリル酸エステルモノマーに界面活性剤、粘着付与剤、架橋剤などを水中で乳化重合させたものである。酢酸ビニル樹脂系エマルジョン接着剤とほぼ同様の方法で作られる。モノマーの種類や含有率によって、

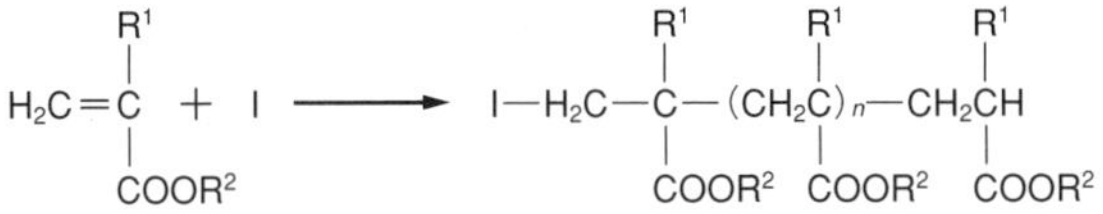

$$H_2C=\underset{COOR^2}{\overset{R^1}{C}} + I \longrightarrow I-H_2C-\underset{COOR^2}{\overset{R^1}{C}}-(CH_2C)_n-\underset{COOR^2}{\overset{R^1}{CH_2C}}H$$

$R^1 = H$(アクリル)、CH_2(メタクリル)、CN(シアノアクリル)
$R^2 = $ アルキルなど

図 2-3-2 アクリル系接着剤の主反応 [3]

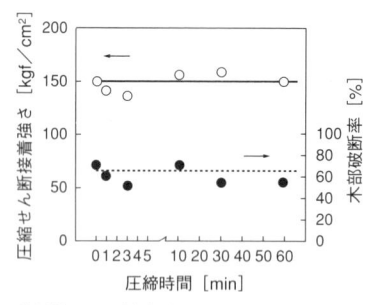

図2-3-3 圧縮時間と接着強さ[4]

被着材：カバ(含水率＝7～9％)
塗布量：200～300 g／m²
接着条件：23 ℃、60 ％ RH
圧締圧：5 kgf／cm²(23 ℃)、24 時間養生

図2-3-4 圧縮力と接着強さ[4]

被着材：カバ(含水率＝7～9％)
塗布量：200～300 g／m²
圧締時間：3 分(20～30 ℃)
接着条件：23 ℃、60 ％ RH、24 時間養生(圧締なし)

表2-3-2 シアノアクリレート系接着剤の長所と短所[5]

長　所	短　所
1. 瞬間接着・高速量産接着	1. 耐衝撃性が低い
2. 常温硬化	2. 耐熱性がやや低い（80 ℃）
3. 一液無触媒硬化	3. 柔軟性が低い
4. 各種材料・異種材料接着可能	4. 充てん接着に不向き
5. 小物部品接着に適性	5. 臭気があり、接着部が白化することがある
6. 低粘度で浸透接着が可能	6. 接着剤保管に注意を要す
7. 無色透明で接着仕上がり良好	7. 皮膚を接着する

被膜の硬さを調整したり、耐熱性や耐溶剤性を高めることができる。木材関係では建築現場施工用の床根太用や床仕上げ用に使用されることが多い。木材同士の接着だけでなく、ビニル系、リノリウム系、ゴム系、タイルカーペットなど疎水性床材の張り付けにも有効である。

(2) シアノアクリレート系接着剤

いわゆる瞬間接着剤で、2-シアノアクリル酸エステルのモノマー($C=C(CN)-COOR$)を主成分とし、これに増粘剤、重合抑制剤、安定剤、可塑剤などの各種添加剤を加えた常温速硬化接着剤である。硬化機構は空気中や被着体表面に吸着している水分が開始剤として働き、アニオン重合によって瞬時に硬化する。木材などの多孔質材料は浸透性が高いため、粘度を高くしている。接着強さに及ぼす圧縮時間の関係を図2-3-3[4]に、また圧縮圧力との関係を図2-3-4[4]

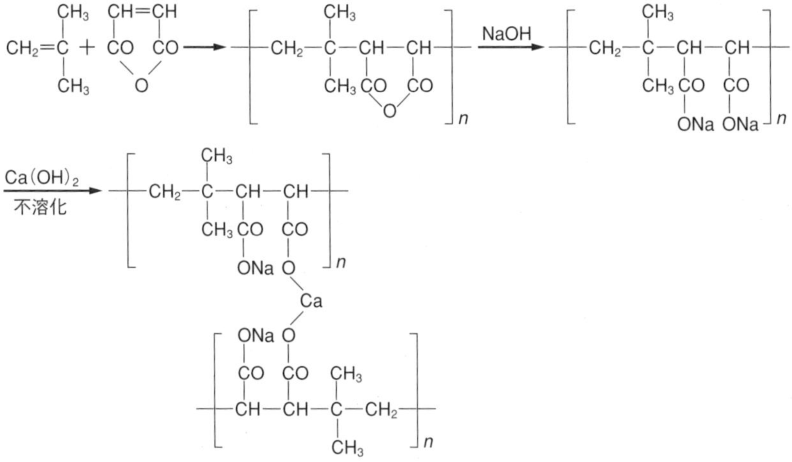

図 2-3-5 イソブチレンと無水マレイン酸による反応[6]

に示す。短時間の圧縮時間でも高い強度を示し、また低い圧縮圧力でも十分な接着力が得られることが分かる。一般的な長所と短所を **表 2-3-2** に示す。

3.3　α-オレフィン無水マレイン酸樹脂系接着剤

　イソブチレンと無水マレイン酸共重合樹脂(水不溶性)にアルカリやアンモニアを加えて水溶性とし、これを主原料としてSBRラテックスや無機質などを配合した接着剤である(**図 2-3-5**)[6]。添加するアルカリの種類と量および充填剤の種類と量により、アルカリタイプと中性タイプの2種類に分類される。これに1分子中にエポキシ基を2個以上含む水溶液を架橋剤として硬化させる。この接着剤は(株)クラレが開発し、通称クラタックとも呼ばれている。
　一般的な特徴として①水溶性である、②二液硬化型である、③耐水、耐熱、耐クリープ性がよい、④ホルムアルデヒドを含まない、⑤温度による粘度変化が小さいなどが上げられる。この接着剤は、日本接着剤工業会規格JAI 5-1995に品質が規定されている。種類として1種(常温接着用)と2種(加熱接着用)があり、1種は1号と2号に分類される。1種1号は強アルカリ性で、接着の立ち上がりが早く短時間接着に優れているものである。1種2号は弱アルカリ性から弱酸性で耐水性能を高めたものである。1種は主に家具、建具、パネル、そ

の他木工用に適しているが、アルカリによる木材の汚染に注意する必要がる。また2種は主として天然木化粧単板用に適している。

3.4 エポキシ樹脂系接着剤

分子中にエポキシ基($>\!C\!-\!C\!<$ または $-CH-CH_2$)と呼ばれる反応性の高い官能基を2個以上もつ樹脂の総称であり、硬化剤との化学反応により三次元網目構造を形成する熱硬化性樹脂である。エポキシ樹脂には原料の種類によって①グリシジルエーテル形、②グリシジルエステル形、③グリシジルアミン形、④脂環式形などがある。なかでも①に分類されるビスフェノールA型エポキシ樹脂(**図 2-3-6**)[7]は最も代表的で使用量が多い。分子構造から分かるように、反応性、柔軟性、強靭性、耐薬品性、接着性、耐熱性などを備えおり、機能性に富んだ樹脂である。硬化剤は、芳香族や脂肪族のアミンやアミド、酸無水物、イミダゾール、ポリフェノールなど様々な化合物が使用されている。反応例として、アミン類による硬化反応を記す(**図 2-3-7**)[8]。

エポキシ樹脂の特徴は、

①木材、金属、プラスチック、ゴムなど幅広い被着材を接着でき、異種材料の接着にも使用できる。
②硬化によって収縮を起こさない。
③低い圧締圧力でも接着できる。
④空隙充填性がある。
⑤化学薬品に犯されにくい。
⑥接着層が電気絶縁性を持つ。
⑦常温接着ができる。
⑧人体や環境に対して毒性を持つものがあり注意を要する。
⑨主剤と硬化剤を混合する場合には化学量論に基づいて計量する必要がある。
⑩常温でも硬化が進行するので、可使時間に注意する必要がある。

エポキシ樹脂は主剤に硬化剤を加えて固めるので、硬化剤の配合量には注意が必要である。硬化剤が少なすぎると不完全硬化となり、多すぎると未反応硬化剤が残存して硬化物の物性に影響を及ぼすためである。そこで、主剤とアミ

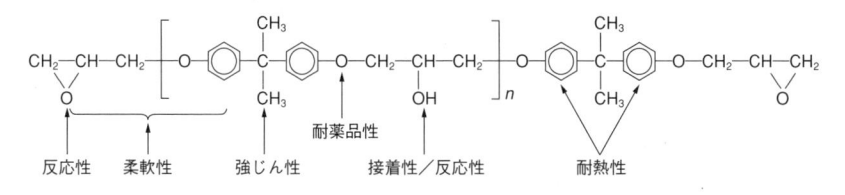

図2-3-6 ビスフェノールA型エポキシ樹脂の構造と物性 [7]

図2-3-7 アミンとの反応機構 [8]

ン系硬化剤との配合割合を化学量論的に計算する方法を紹介する。

配合量を決定するうえで重要な単位は以下の2つである。

(a) エポキシ当量：エポキシ基1g当量当たりの樹脂(主剤)のグラム数(g/eq.)
すなわち(平均分子量)/(1分子当たりのエポキシ基の数)を表す。

(b) アミン当量：アミン化合物(硬化剤)の分子量/活性水素の数

これらエポキシ当量やアミン当量はそれぞれの製品に記載されていることが多い。各当量の値と同じ重量を混ぜると官能基の比が1：1となるので、理論的に全てのエポキシ基が反応できることになる。

(例) エポキシ当量190の主剤と、アミン当量80の硬化剤の場合
→ 主剤190に対し硬化剤80の重量比で混合すればよい。

別の考え方として、エポキシ樹脂(主剤)100gに対する硬化剤の配合量を算出する方法もある。

ここでは、「phr：Parts per hundred parts of resin」を用いる。

phrとは、樹脂(主剤)100重量部に対する硬化剤の添加重量部のことである。

phrとエポキシ当量、アミン当量の関係は次式で示される。

$$\mathrm{phr} = アミン当量 \times \frac{100}{エポキシ当量} \qquad (2\text{-}3\text{-}1)$$

したがって、主剤100 g に対しては42.1 g の硬化剤を加えれば良い。

3.5 ホットメルト系接着剤

ホットメルト接着剤は JIS K 6800 では「溶融状態で塗布し、冷えると固まって接着する接着剤」と定義されている。この接着剤は常温では個体を示し、加熱による流動によって被着材へのぬれを起こし、冷めると再び固化して接着力を発現する。加熱冷却による可逆的な変化により一連の接着過程を完了するため、次のような特徴がある。

①冷却固化により接着が完了するので、接着時間が極めて短い。
②加熱によるはく離や再接着が可能。
③溶剤を含まないので危険性が少なく、環境安全性も保たれる。
④木材、プラスチック、金属など幅広い被着材に接着できる。
⑤自動化や省力化、省スペース化が図れる。
⑥熱可塑性樹脂やエラストマーを成分とするので、耐熱接着性、耐溶剤性に劣る。
⑦接着剤塗布に際して専用のアプリケーターが必要である。
⑧オープンタイムが短い。

主に家具、木工、建材用として使用されている他、製本、包装、自動車、各種ラベル、衛生材料など幅広い分野で使用されている。ホットメルト接着剤は構成する組成の種類によって以下のように大別される。

(1) ポリオレフィン系接着剤

ポリエチレン(PE)系、エチレン・酢酸ビニル共重合樹脂(EVA)エマルジョン系、エチレンアクリル酸(EEA)系、アタクチックポリプロピレン(APP)系、アモルファスポリ α-オレフィン(APAO)系などがある。

(2) エチレン・酢酸ビニル共重合樹脂(EVA)エマルジョン系接着剤

$$-CH_2-CH_2-CH_2-CH- \\ \qquad\qquad\qquad\quad | \\ \qquad\qquad\qquad\;\; O-C=O-CH_3$$

最も汎用的で多量に使用されている。基本成分は EVA をベースポリマーとし

て粘着付与樹脂、ワックスの3成分で、必要に応じて可塑剤、充填剤、安定剤などが配合される。

(3) 熱可塑性エラストマー(ゴム)系接着剤

主としてスチレン・ブタジエンのブロック重合エラストマー、スチレン・イソプレンのブロック重合エラストマー、スチレン・エチレン・ブチレン・スチレンのブロックエラストマー、スチレン・エチレン・プロピレン・スチレンのブロックエラストマーが使用されている。

(4) ポリエステル系接着剤

ジカルボン酸成分とジオール成分との重縮合反応によるエステル結合で得られる線状ポリマーを主成分とする接着剤。

(5) ポリアミド系接着剤

二塩基性酸とジアミン、またはアミノ酸の重縮合によるアミド結合(-NHCO-)で得られる樹脂で、ナイロン系とダイマー酸系に大別される。

(6) ウレタン系接着剤

反応性ウレタンホットメルト接着剤と呼ばれ、末端にイソシアネート基(-NCO基)を有するウレタンプレポリマーを主成分とする。塗布、固化後にイソシアネート基による架橋反応が起こるため、耐熱性や耐クリープ性などに優れた性能を発揮する。

3.6 ゴム系接着剤

ゴム系接着剤は、天然ゴムあるいは合成ゴムを主成分とする接着剤であり、表2-3-3に示すような種類がある。接着剤の形態には①溶剤形、②エマルジョン(ラテックス)形、③反応形、④ホットメルト形があるが、なかでも溶剤形が最も多い。特徴は、①接着被膜が柔軟なため異種材料の接着に使用できる。②低温でも脆化しにくい。③曲げ応力、衝撃、振動を受ける箇所の接着に有効である。④耐熱性が低く、クリープ性に劣る。⑤構造用には使用出来ない。⑥有機溶剤を含むことが多い。木材には主に木工用、屋内現場用接着剤として使用されている。以下にゴム系接着剤として代表的な天然ゴム系とクロロプレンゴム系接着剤の特徴を示す。

表 2-3-3 代表的なゴム系接着剤

ゴム系接着剤	天然ゴム系接着剤	$-(CH_2-\underset{\underset{CH_3}{\|}}{C}=CH-CH_2)-$
	合成ゴム系接着剤	クロロプレンゴム系接着剤 $-(CH_2-\underset{\underset{Cl}{\|}}{C}=CH-CH_2)-$
		ニトリルゴム系接着剤 $-(CH_2-CH=CH-CH_2)-(CH_2-\underset{\underset{CN}{\|}}{CH})-$
		ブチルゴム系接着剤 $-(CH_2-CH=\underset{\underset{CH_3}{\|}}{\overset{\overset{CH_3}{\|}}{C}}-CH_2)-(\underset{\underset{CH_3}{\|}}{\overset{\overset{CH_3}{\|}}{C}}-CH_2)-$
		スチレン・ブタジエンゴム系接着剤 $-(CH_2-CH=CH-CH_2)-(CH_2-CH)-$ （フェニル基）
		その他

(1) 天然ゴム系接着剤

　天然ゴムはゴムの木の樹液から浸出する不揮発分約35％の樹液（ラテックス）を凝固させることによって得られ、その主成分はシス-ポリイソプレンである。
　天然ゴム系接着剤の基本組成は次のようになる[9]。

天然ゴム	100 重量部
接着付与樹脂	10～100
無機充填剤	0～50
加硫剤	0～5
加硫促進剤	0～2
老化防止剤	0.2～1
可塑剤	0～10
溶　剤	適量

(2) クロロプレンゴム系接着剤

　ポリマー化は乳化重合や溶液重合によって行われ、トランス-1,4 結合の鎖状高分子で分子量数万～数十万、結晶性の高分子である。市販されている合成ゴ

ム系接着剤の中で最も生産量が多く、比較的耐久性に優れた接着剤である。高い極性と結晶性から幅広い被着材に対し良好な接着性を示す。ただし溶剤形が多く、有機溶剤の人体や環境に対する影響が指摘されている。

クロロプレンゴム系接着剤の基本組成は次のようになる[10]。

クロロプレンゴム　　　100重量部
接着付与樹脂(フェノール樹脂など)　30～100
金属酸化物　　　　　　1～10
老化防止剤　　　　　　1～5
充填剤　　　　　　　　0～100
その他添加剤　　　　　0～10
有機溶剤　　　　　　　500～900

3.7　天然系接着剤

天然系接着剤は大きく4つに分類することができ、さらに幾つかに分けることができる(図2-3-8)。このうち、木材用の接着剤として使用もしくは研究されてきたものは、主としてバイオマスを原料としたものである。

多糖類系接着剤は、主にデンプンを原料としたデンプン系接着剤が知られている。デンプンの化学構造は、グルコースがα-1,4-グリコシド結合により直鎖状に連なったアミロースと部分的にα-1,6-結合で枝分れした側鎖をもつアミロペクチンとからなっている(図2-3-9)。水とともに加熱すると吸水、膨潤して糊化し、接着性を示すようになる。接着剤の調製には水、水酸化ナトリウム、ホウ砂、ホルマリンなどを加えるが、耐水性に乏しい。一般に紙加工、繊維加工、壁紙接着などに使用されている。

タンパク系接着剤には膠(にかわ)、大

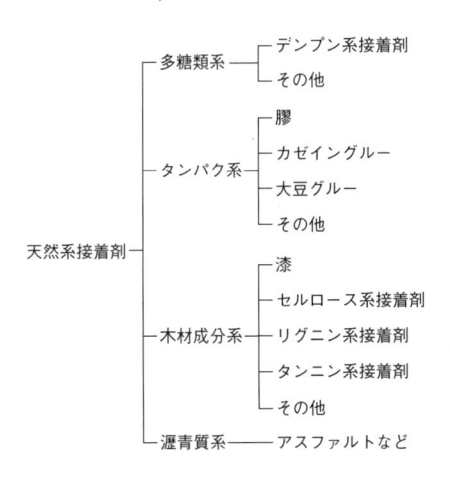

図2-3-8　主な天然系接着剤の種類

天然系接着剤
├─ 多糖類系 ─┬─ デンプン系接着剤
│　　　　　　└─ その他
├─ タンパク系 ─┬─ 膠
│　　　　　　　├─ カゼイングルー
│　　　　　　　├─ 大豆グルー
│　　　　　　　└─ その他
├─ 木材成分系 ─┬─ 漆
│　　　　　　　├─ セルロース系接着剤
│　　　　　　　├─ リグニン系接着剤
│　　　　　　　├─ タンニン系接着剤
│　　　　　　　└─ その他
└─ 瀝青質系 ── アスファルトなど

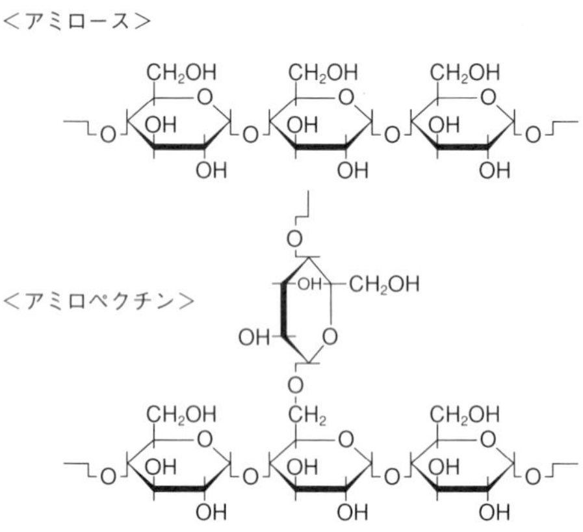

<アミロース>

<アミロペクチン>

図 2-3-9　デンプンの化学構造

豆、カゼインなどが原料として用いられてきた。タンパク質は約20種類のアミノ酸がペプチド結合によって任意に組み合わさった構造である。膠は、加熱するとゾルになり冷却するとゲルになる性質を有するため、それ自体を接着剤として使うことができる。また、大豆やカゼインはアルカリ塩を添加することによって水溶性を示すようになり、さらにカルシウム塩によって水不溶の硬化物になる。この性質を利用して大豆グルーやカゼイングルーが調製される。

木材成分由来の接着剤には、天然ゴムの他、漆やセルロース、リグニン、タンニンなどの成分が使われている。漆はウルシの木の樹幹や枝から採取され、フェノール性物質のウルシオールを主成分としている。漆の硬化は、酵素ラッカーゼによるウルシオールの酸化反応と、不飽和側鎖の空気による自動酸化反応によって進行する。最近は、硬化条件が複雑で時間がかかることに加え、生産性の低さや品質のバラツキ、人体への影響などに問題があり使用量は非常に少ない。セルロースは、グルコースがβ-1,4結合した高分子で、分子鎖同士が強固な水素結合で結ばれ一部結晶化した構造を形成している（図2-3-10）。そのため、これを接着剤として利用するには、様々な化学修飾によって水素結合を切断する必要がある。得られた接着剤は概して性能が低いため、合成系接

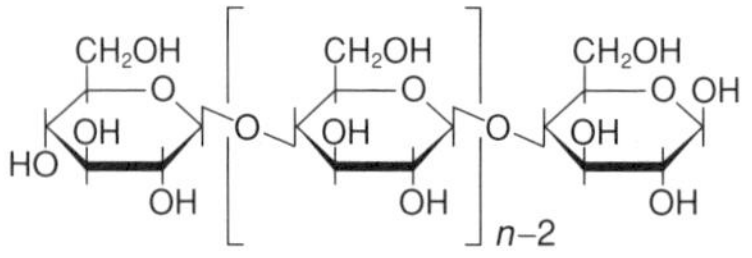

図 2-3-10　セルロースの化学構造

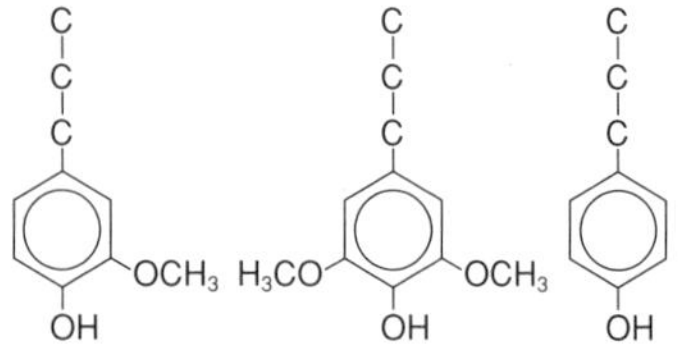

図 2-3-11　リグニンの基本化学骨格

着剤の添加剤として使われる場合が多い。リグニン(図2-3-11)およびタンニン(図2-3-12)は、フェノール性水酸基を有した非常に複雑な構造をもつ芳香族物質である。これらはフェノール樹脂に使われているフェノールの代替原料として検討されており、主にホルムアルデヒドと反応させる研究が数多く行われてきた[11,12]。タンニンはリグニンに比べて反応性が高く、アミン化合物との反応による接着剤化の研究も進んでいる[13]。

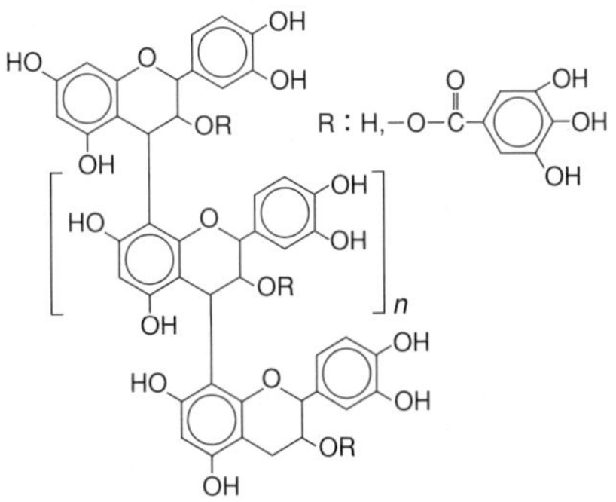

図2-3-12 タンニンの基本化学構造

● 文　献

1) 古川睦久：接着の技術、**21**(2)、6-10 (2001)
2) 山口幸一：接着の技術、**21**(2)、1-5 (2001)
3) 及川宏習："接着ハンドブック第4版"、日本接着学会編、日刊工業新聞社、p.425 (2007)
4) (社)日本木材加工技術協会編："木材の接着・接着剤"、産調出版、p.159 (1996)
5) 前掲3)、p.430
6) 安藤卓雄："接着ハンドブック第2版"、日本接着学会編、日刊工業新聞社、p.467 (1982)
7) (独)森林総合研究所監修："改訂4版木材工業ハンドブック"、丸善、p.712 (2004)
8) 日本接着学会編："初心者のための接着技術読本"、日刊工業新聞社、p.44 (2004)
9) 小島孝光："接着ハンドブック第3版"、日本接着学会編、日刊工業新聞社、p.458 (1996)
10) 大西邦弘："接着剤データブック"、日本接着学会編、日刊工業新聞社、p.176 (2001)
11) Pizzi, A. : "Advanced Wood Adhesives Technology", p.149-217, Marcel Dekker Inc. (1994)
12) Pizzi, A. : "Wood Adhesives Chemistry and Technology Vol. 1", p.177-288, Marcel Dekker Inc. (1983)
13) Pizzi, A. : *J. Adhes. Sci. Technol.*, **20**(8), 829-846 (2006)

第3章　木材接着の工程と影響する因子

第1節　接着工程

　木材の接着工程は接着の目的、被着物の種類など種々の接着条件によって詳細は若干異なるが、基本的に被着材の調整、接着剤の選定、接着剤の配合と塗布、圧締、接着剤の硬化（固化）と接着層の形成、解圧・養生である。各工程の詳細について以下に述べる。また、接着に関係する因子についての詳細は以下の第2～4節を参照されたい。

1.1　被着材の調整

　木材を被着材とする場合、素材の挽板あるいは角材の接着では被着材表面はできるだけ新鮮で、汚染や劣化がなく平滑に仕上げられていて、しかも、被着面同士が平行になっていることが肝要である。特に樹脂分が浸出し易いような被着材では、材面の切削後接着するまでの期間が経つほど接着性能が低下することが報告されており（図3-1-1）[1]、できるだけ新鮮な材面にして接着した方が良い。

　ただし、木質材料の製造におけ

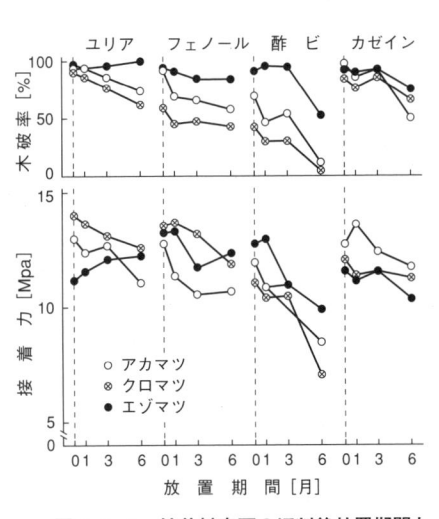

図3-1-1　被着材表面の切削後放置期間と接着性能との関係[1]

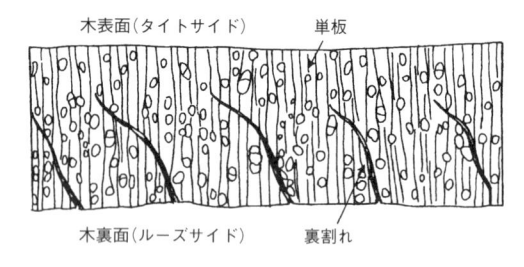

図 3-1-2 ロータリー単板の断面模式図[2]

る接着ではこの限りではない。合板やLVLの製造における被着材のロータリー単板では被着材表面はかなり粗く、特にルーズサイドでは裏割れが生じているために一層粗い材面になっている(図3-1-2)[2]。また、原木樹種や切削条件によっては表面に毛羽立ちやナイフマークが生じたりしている単板も少なくない。しかし、これらの接着では接着層が多く、また接着剤が裏割れに浸透するため材表面の粗さの影響は少ない。一方、化粧張り用のスライスド単板は厚さが薄く、化粧性が重要であることを十分に配慮して、被着材としての調整をしなければならない。ボード類の製造においては、被着材であるパーティクルやファイバーではそれぞれに適合した調整が必要である(第5章 第4、5節参照)。

いずれの被着材でも特別な場合を除いて、含水率は適正に調整されていなければならない。木質材料の製造においては、特に含水率調整が重要である。

1.2 接着剤の選定

被着材の種類、接着条件、接着加工後の利用目的と環境条件など諸条件を考慮して最適な接着剤を選定しなければならない。接着剤の種類は多数あるが、同じ種類の接着剤でも特定の条件がある場合には、その条件に適合するように変性して使用することもできる。また、最近では特に接着後の環境条件に対する対応と安全性が保証されるような接着剤の選択が肝要である。

1.3 接着剤の配合と製糊

接着剤の配合、製糊等については、基本的には接着剤メーカーの仕様に従って接着剤の種類に適合した処方で行われる。硬化剤を添加して硬化させるタイ

プの接着剤を用いる場合には、主剤に硬化剤(架橋剤 curing agent)、経済効果を目的とした増量剤(extender)、作業性、接着性能等の改良を目的とした充填剤(filler)、粘度調整のための水などを適正な割合で配合して接着剤糊液(glue mix)をつくる。調整された糊液はなるべく早急に被着材に塗布した方がよい。あまり時間が経つとゲル化して塗布できなくなることもあるので、注意しなければならない。製糊してから塗布可能な時間を可使時間(pot life)という。接着加工工場では接着剤の配合・製糊・塗布が一連の工程で行われ、その方式には図 3-1-3 に示すようにバッチ式糊液調整工程と自動計量混合による工程がある[3]。バッチ式はグルーミキサーを使い、主剤と添加物を順序に従って添加し、糊液が均一になるように撹拌と気泡除去を行って塗

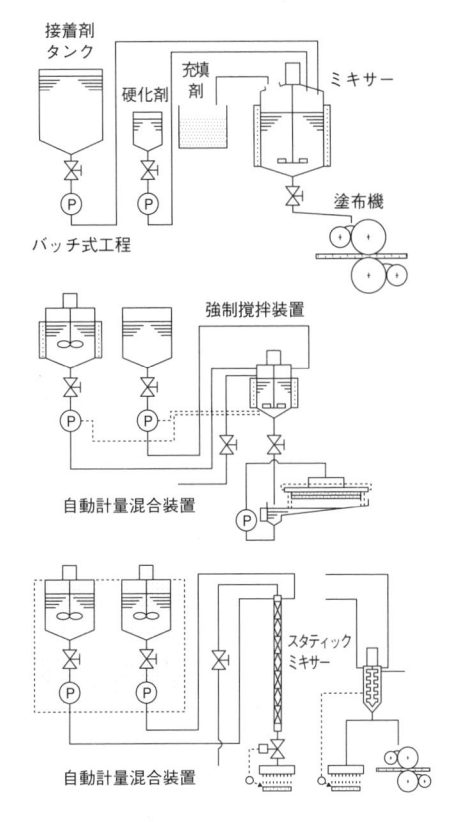

図 3-1-3 接着剤調整塗布工程[3]

布工程に圧送する。自動混合方式は主剤と硬化剤を定量ポンプで圧送 ― 連続撹拌するので硬化剤は液状が使われる。連続撹拌装置には強制撹拌式と静的管路混合式(スタティックミキサー)がある。この装置を利用できる接着剤の種類は限られるが、糊液の経時変化が少なく省力、歩留向上にも有効である。

これに対して、酢酸ビニル樹脂エマルジョン、ゴム系接着剤、一液性のエポキシ樹脂などは、このような製糊の必要はない。

1.4 接着剤の塗布(塗付)

接着剤糊液の塗布(spread)法には被着材の片方の面だけに塗布する片面塗布法

(single spread)と両方の被着材面に塗布する両面塗布法(double spread)がある。木材素材や単板の接着では片面塗布法が一般的であるが、ゴム系接着剤などでは両面塗布法が用いられる。また、反応性の2液を分離塗布して、圧縮によって混合する分離塗布方式もあり、この方式をハネムーン型と称している。

小規模の接着の場合には塗布方法として刷毛、へら、櫛目こて、ハンドローラー、ハンドガンなどの塗布用器具を用いて行う。工場規模ではグルースプレッダーの装置で糊液が塗布されるが、その方式によってロールコーター、エクストルーダー、カーテンコーター(フローコーター)などがある(図 3-1-4)[3]。また、パーティクルやフィンガージョイントの接着にはスプレーガンが用いられる。ロールコーターは被着面にロールで糊液を転写塗布する装置で、塗布ロールとドクターロールを備えている。被着材の厚さによって塗布ロールの間隔を調整し、塗布量は塗布ロールとドクターロールの間隔で調整する。エクストルーダーは加圧した糊液をノズルから筋状に押し出し、被着材を定速で通過させて塗布する装置である。カーテンコーターは細いスリットから加圧した糊液を流下し、被着材を定速で通過させて塗布する装置である。

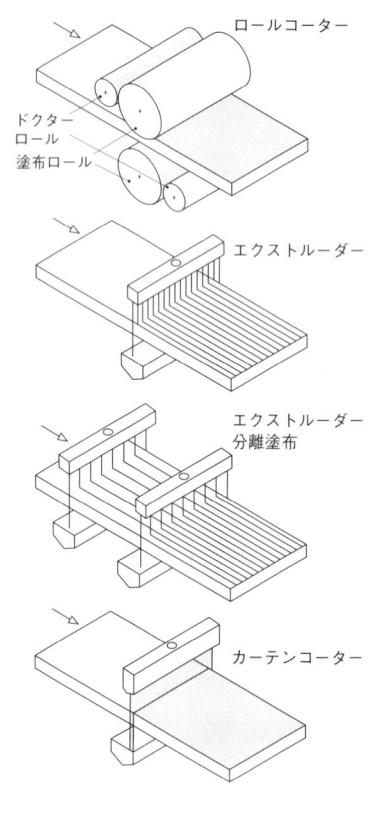

図 3-1-4 接着剤塗布装置[3]

1.5 堆積および圧縮

被着材表面に接着剤を塗布してから、被着材同士を重ね合わせて密着させ堆積するまでの時間を開放堆積時間(open assembly time)といい、堆積後圧縮するまでの時間を閉鎖堆積時間(closed assembly time)という。これらの堆積時間

は接着剤の種類や接着操作条件によって設定される。

　接着剤を塗布して堆積した被着材は適当な装置で、適度の圧力で圧縮(pressing)する。一般にはプレスを用いて、所定の圧力が接着層に均等にかかって、その圧力が保持できる装置で圧縮する。なお、加熱する必要がある場合にはホットプレス装置によって加熱圧縮する。圧縮圧力や圧縮時間は接着剤や被着材の種類によって異なるが、均一な接着層を形成するような条件に設定しなければならない。

　圧縮装置としては平板プレス、曲面プレス、側圧プレス、連続プレス(ローラプレス、キャタピラープレス、押し出しプレス)等がある。加圧機構はほとんどが油圧式であるがネジ式もある。

　一般的なホットプレスは蒸気、温水、電熱を熱源とした熱板の間に被着物を挿入して加熱圧縮される。その他加熱法としては誘電物質の誘電損失を利用した高周波加熱法、マイクロ波加熱法がある。

　プレス装置を用いないで簡易的に圧縮するにはクランプやハタガネ、しゃこまんなどの簡易な加圧治具を用いる。その他ごく簡易的には重し、ゴム、ひも、くさびなどが用いられる。

1.6　接着剤の硬化と養生

　接着剤の硬化(curing)は溶剤の揮散や化学反応の進行によって進み、圧縮を解除した後も経過時間とともに進行する。そのため、解圧後も接着剤層が十分に硬化する「後硬化」をはかるために、ある程度の期間接着したものを静置して保管する養生期間(aging)を設けることが多い。ホットプレスを用いた場合などは特に被着材中の水分の均一化がはかられ、反りなどが矯正される利点もある。

1.7　接着層の形成と破壊

　一連の接着操作が完了して被着材間に接着剤層が形成されて接着が完了する。被着材表面付近では木材中に接着剤が浸透している部分があり(図1-1-3参照)、接着剤層とこの部分を含めて接着層(glue line)と称する。この接着層付近の状態を模式的に現すと 図3-1-5 のようになると考えられ、ファイブリンク説(five links theory)で説明することができる[4]。すなわち、F_W という凝集力(cohesion)を持つ

被着材（木材）と、F_C という凝集力を持つ硬化した接着剤層は F_V という界面（接着剤の浸透した部分を含む）の結合力で結合されている。これらがそれぞれの力を示してバランスを保って接着がなされていると考えることができる。

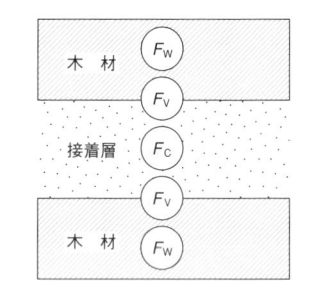

しかし、このバランスが、外部から何らかの力を受けて崩れた場合には最も弱い部分に破壊が生じて接着部分が破断する。その破断状態は 図 3-1-6 に示すように三つの型に分けられる[5]。図中(1)は接着剤層で破壊する凝集破壊(cohesion failure)、(2)は界面で破壊する界面破壊(接着破壊 adhesion failure)、(3)は材料破壊(木部破断 wood failure)という。(3)の場合は接着剤層や界面の凝集力が被着材自体の凝集力より強いために、被着材が破断する場合であり、最も良好な接着がなされていることになる。

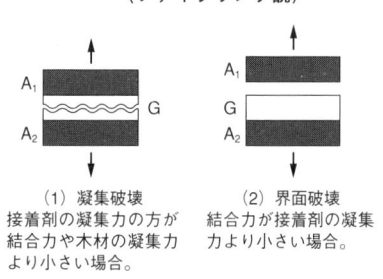

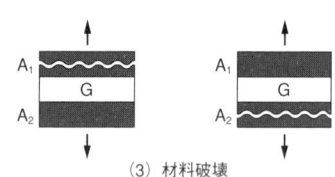

図 3-1-5 木材接着層の形成モデル図
（ファイブリンク説）[4]

(1) 凝集破壊
接着剤の凝集力の方が結合力や木材の凝集力より小さい場合。

(2) 界面破壊
結合力が接着剤の凝集力より小さい場合。

(3) 材料破壊
接着が十分な場合。ただし接着剤の種類によっては被着体(木材)が劣化させられて起こる場合もある。

図 3-1-6 木材接着層の破断型モデル図[5]
A_1, A_2：被着体、G：接着剤層

● 文　献

1) 作野友康ほか：島根大農研究報告、No. 5、66-70 (1971)
2) 梶田　熙ほか："木材・木質材料用語集"、東洋書店　p. 22 (2002)
3) 千葉野保人："木材の接着・接着剤"、日本木材加工技術協会編、産調出版、p. 196-209 (1996)
4) 堀岡邦典ほか：林業試験場研究報告、No. 89、1-55 (1956)
5) 小西　信："木材の接着"、日本木材加工技術協会編、日本木材加工技術協会 p. 39 (1982)

第 2 節　木材に関する因子

2.1　樹種と密度

木材の接着機構を単純に考えると、木材の凝集力、木材と接着剤との界面の結合力、そして接着剤の凝集力が作用している。この場合、理想的な接着とは、接着剤の凝集力や接着界面の結合力が木材の凝集力を上回ることである。すなわち、破壊が木材で起これば十分な接着が行われていると言える。ブロックせん断試験や合板の引張せん断試験では、接着面に対する木材部分での破壊の割合（木破率）が100％であることが望ましい。このことは、接着力が木材の強度に依存することを意味している。木材の強度的性質は、その密度が高くなるにつれて直線的に高くなることが認められている。接着強度については、同じ接着剤を用いて同一条件で十分な接着を行った場合、木材の密度がおよそ $0.8\,g/cm^3$ までは比例して増加する傾向にある。この傾向は常態試験で顕著に認められるが、各種耐水試験では認められないことが多い（**図 3-2-1**）[1]。木材の密度がおよそ $0.8\,g/cm^3$ 以上になると接着性の問題、例えば接着剤の浸透性やぬれの低

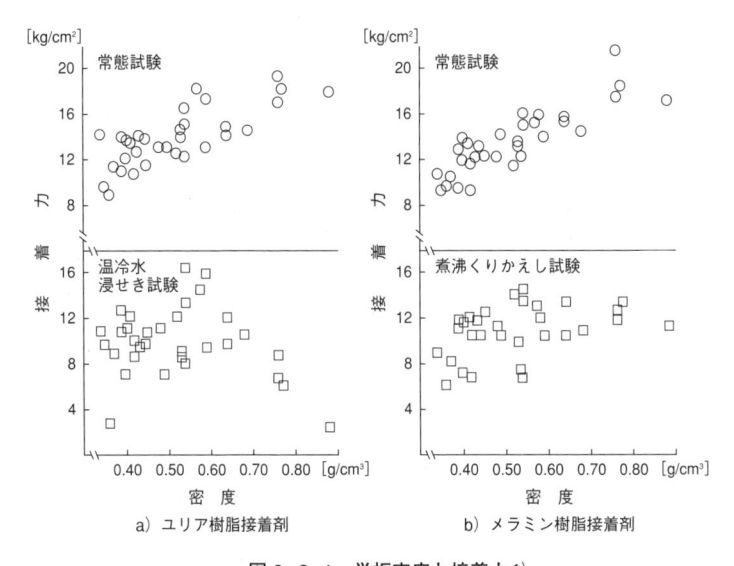

図 3-2-1　単板密度と接着力[1]

a) ユリア樹脂接着剤　　b) メラミン樹脂接着剤

表 3-2-1 接着の難易性による樹種の分類[2]

		接着条件の広い範囲で接着が容易なもの	適当な接着条件で満足な接着が行えるもの	注意深く接着条件を定めれば良好な接着が行えるもの	特別な処理をしなければ接着が困難なもの
広葉樹材	国産材	ホオノキ ドロノキ キリ	イタヤカエデ トチノキ マカンバ カツラ ブナ オニグルミ	イスノキ シナノキ ヤチダモ セン ミズナラ ハルニレ ケヤキ アカガシ スダジイ	クスノキ タブノキ
	北米材	アルダー アスペン バスウッド コットンウッド アメリカンチェスナット マグノリア ブラックウィロー	バターナット エルム(アメリカン、ロック) ハックベリー ソフトメイプル スイートガム シカモア トゥーペロウ ブラックウォルナット イエローポプラ	ホワイトアッシュ アメリカンビーチ バーチ(スイート、イエロー) チェリー ヒッコリー(ペカン、トゥルー) マドロン ハードメイプル オーク(レッド、ホワイト)	オーセージオレンジ パーシモン
針葉樹材	国産材	モミ トドマツ シラベ ヒノキ サワラ スギ エゾマツ トドマツ トウヒ ツガ	カラマツ アカマツ ヒメコマツ クロマツ ヒバ		
	北米材	ファー(ホワイト、グランド、ノーブル、パシフィック) パイン(イースタンホワイト、ウエスタンホワイト) ウエスタンレッドシーダー レッドウッド シトカスプルース	ダグラスファー ウエスタンラーチ パイン(シュガー、ポンデローサ) イースタンレッドシーダー	アラスカシーダー ポートオーフォードシーダー サザンパイン	

表 3-2-2　各種南洋材の接着耐久性による分類[3]

	ユリア樹脂接着剤*	酢酸ビニル樹脂エマルジョン接着剤*	カゼイン接着剤*	レゾルシノール樹脂接着剤**
接着の効く樹種(はく離率10％以下)	コムニヤン、ジェルトン、カラス、テラリン、チャンパカ、レッドメランチ、ケレダン、ケラッド、レッドラワン、アンベロイ、エリマ、タウン、キャンプノスパーマ、ナトー、カロフィルム、ジョンコン、セプタパヤ、ラミン、インツィア、ニューギニアバスウッド、リッエア、ターミナリヤ	コムニヤン、ジェルトン、カラス、チャンパカ、ケレダン、ケラッド、レッドラワン、ニューギニアバスウッド、リッエア、グメリナ	ジェルトン、カラス、テラリン、チャンパカ、レッドメランチ、ケレダン、ケラッド、レッドラワン、アンベロイ、エリマ、タウン、キャンプノスパーマ、ナトー、カロフィルム、セプタパヤ、インツィア、ニューギニアバスウッド、グメリナ	コムニヤン、アピトン、ジェルトン、カラス、チャンパカ、ケレダン、レッドラワン、アンベロイ、エリマ、タウン、ターミナリヤ、キャンプノスパーマ、ナトー、カロフィルム、ジョンコン、セプタパヤ、ラミン、インツィア、ニューギニアバスウッド、リッエア
やや接着の効く樹種(はく離率11～30％)	プディク	プディク、ケレダン、ケラッド、ラミン	コムニヤン、リッエア	チュートルバンコイ、チュートルサール、プディク、カプール、ケラッド、ギアム、レッドメランチ、ボルネオオーク、クルイン
接着の効かない樹種(はく離率31％以上)	チュートルバンコイ、チュートルサール、クルイン、ボルネオオーク、ギアム、バンキライ、バラウ、グメリナ	チュートルバンコイ、チュートルサール、テラリン、ギアム、バラウ、バンキライ、クルイン、ボルネオオーク、アンベロイ、エリマ、タウン、キャンプノスパーマ、ナトー、カロフィルム、ジョンコン、ターミナリヤ	チュートルバンコイ、チュートルサール、プディク、ボルネオオーク、ラミン、ギアム、バンキライ、クルイン、ターミナリヤ、ジョンコン、バラウ	テラリン、バンキライ、グメリナ、バラウ

注)　*集成材のJASにおける浸漬はく離試験（屋内で使われる造作用集成材に適用）による。
　　**ASTM D 1101によるはく離試験（屋外用集成材に適用）による。

下などから一定の強度になるか逆に低下することもある。木破率は木材の密度が低い場合には100％近い値が得られ、密度が高くなるにつれて低くなる傾向にある。

　木材には様々な樹種があり、それぞれ物理的、化学的、形態的性質が異なる。そのため、樹種によって接着性が異なると共に、接着剤との相性がある。表3-

2-1に代表的な国産材と北米材の接着の難易性[2]、表3-2-2に各種南洋材の接着剤に対する接着耐久性[3]の例を示す。

2.2 抽出成分

木材には各種溶媒に溶出する成分が数％含まれ、一般に抽出成分と呼ばれている。これは油脂、炭水化物、芳香族物質、樹脂などで、樹木にとって有用な役割を果たしている。しかし、木材接着にとってはこれら抽出成分が悪影響を及ぼすことがある。具体的には、①接着剤の硬化阻害や、②適切なぬれ、浸透の阻害といったことが上げられる。①については、抽出成分が接着剤の硬化反応を阻害して不完全硬化となり、結果的に接着不良を起こす。②については、例えば油脂や樹脂成分を多く含む木材に対して水溶性接着剤を塗付するとぬれや浸透性が悪いために接着不良を起こす。この抽出成分による接着不良はそれぞれの樹種に含まれる成分が特定の接着剤に対して影響を及ぼすことが多い。対策としては、あらかじめこれらの成分を除去しておくことである。水や温水抽出物が阻害成分であれば水中浸せきや煮沸処理、スチーム処理などを行うと良い。有機溶媒抽出物が問題の場合は、各溶媒による処理が望まれるが、経済性や環境への配慮を考える必要がある。広い接着面積では表面を溶媒で拭くことも考えられるが、それによって抽出成分が木材内部から表層へ析出するブルーミングや、木材表面への吸着現象を起こすことがあるので、処理後は素早く接着したほうが良い。接着表面のサンディングや鉋掛けなどの物理的処理も効果を示すことがある。その他、塗付量の増大、硬化促進剤や充填剤の添加、圧縮条件の変更、さらには接着剤の種類を変えるといった方法もある。表3-2-3にこれまで報告されている接着阻害を起こす樹種と接着剤の例を示す。

表3-2-3 接着阻害が報告されている樹種と対象接着剤

樹　　種	接　着　剤
シナノキ	ユリア樹脂、大豆グルー
カプール	ユリア樹脂、メラミン樹脂、フェノール樹脂
チーク	ユリア樹脂
メルボウ	フェノール樹脂
クルイン（アピトン）	ユリア樹脂
欧州アカマツ	レゾルシノール樹脂

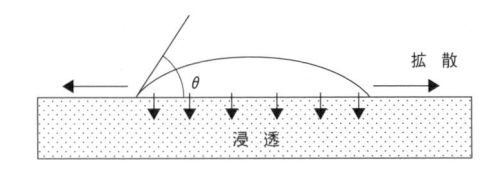

図 3-2-2　木材表面での接着剤のぬれ状態 [4]

表 3-2-4　南洋材と水及び接着剤との接触角（液滴法）[5]

樹種＼液体	水	ユリア樹脂	水溶性フェノール樹脂
イエローセラヤ	0	25	65
アンベロイ	0	30	75
カプール	29	40	73
マヤピス	52	52	87
エリマ	63	52	78
ホワイトラワン	58	47	75
バクチカン	60	50	78
タンギール	70	56	92
レッドラワン	76	58	95
アピトン	98	68	90

注）液滴下1分後の測定値

2.3　ぬれ・湿潤性

　接着剤は木材表面に滴下するとぬれ広がる。これは、接着剤の滴下によって木材表面に存在する空気が排除され、木材が接着剤と接触していることになる。この空気と木材との界面（気体／固体界面）が接着剤と木材との界面（液体／固体界面）に置き換わる現象を「ぬれ」といい、その性質を「ぬれ性」（または湿潤性）という。木材表面に接着剤を滴下すると図3-2-2のように液滴が形成される。この液滴の端の部分の接線と木材表面との間（液体と固体面）に形成される角度 θ を接触角といい、ぬれ性を評価する指標となる。すなわち、接触角が小さいほどぬれ性が良いので良好な接着が期待できる。表3-2-4は南洋材と水およびホルムアルデヒド系接着剤との接触角である[5]。木材表面のぬれ性は、抽出成分、酸化状態、密度など様々な要因で変化する。また、接着剤の性状（親水性や親油性、樹脂率、分子量など）にも影響される。

　接触角によるぬれの評価には、液滴法や毛管上昇法などがある[6]。また、客観的に木材自身のぬれを評価する場合、水や各種有機液体を用いて測定すること

が多い。木材には多数の空隙があるため、滴下した液体はぬれ広がるほかに内部に吸収される。そのため、接触角は時間と共に変化するので注意が必要である。より厳密にぬれを評価するには、表面張力の異なる複数の液体を用いて接触角を測定し、表面自由エネルギーを算出する手法がある[7,8]。

2.4 含水率

含水率は木材接着において最も大きな影響を及ぼす要因の一つに上げられる。立木を伐採した直後の生材には多量の水分が含まれている。この時の含水率は樹種、伐採時期、地域、部位などによって異なるが、平均すると100％程度である。この生材を大気中に放置すると水分の蒸発によって徐々に含水率は低下し、やがて大気の温湿度に応じた一定の値になる。これを一般に気乾含水率と呼び、屋内の風通しの良い場所では年間12～18％程度であり、全国の平均値は15％である。また、恒温恒湿室(20 ℃、RH 65 ％)での含水率はおよそ12％とされている。この気乾含水率の状態を気乾状態、またその木材を気乾材という。実際には生産効率の面から乾燥装置を使い短時間で含水率を低下させることが多い。乾燥が不十分であると高い含水率の木材を接着することになる。この場合、以下のような問題が生じる。

(1) 高含水率木材の接着

水溶性接着剤の場合、木材中の水分で希釈されて粘度が下がりすぎ、接着剤の浸み込みが多くなり、接着層の形成が不完全となる。含水率が極端に高い場合は水分が絞り出されて接着剤が流出することもある。熱圧した場合は水分の蒸発によって接着層の温度が100 ℃付近で停滞するため、熱硬化性樹脂では硬化が遅くなり、不完全硬化になりやすい。また、熱圧中に発生する水蒸気も多くなるため、内部の蒸気圧が高くなり解圧時に内部はく離(パンク)を生じる原因にもなる。常温で接着可能なウレタン樹脂接着剤や速硬化性フェノール・レゾルシノール樹脂接着剤の接着性に対する木材含水率の影響を調べた研究においても含水率が30～35％になると良好な接着が困難であることが報告されている[9]。

(2) 高含水率木材を使用した接着製品

仮に、良好な接着が得られたとしても、含水率の高い木材を使用した場合に

は経時的な乾燥による木材の割れや狂い、反りが発生する。そのため、接着層に過度の応力が発生し、接着力の低下やはく離の原因となり、耐久性に影響する。

2.5　表面の平滑度

通常、平滑な表面ではぬれが良いので、少ない接着剤塗布量で低い圧縮圧力でも良好な接着が得られやすい。しかし、木材表面をサンドペーパーや鉋等で著しく平滑にしても接着性はあまり改善せず、場合によっては低下することもある[10]。そのため、通常はプレーナー仕上げ程度で十分である。一例として、粒度の異なる研磨紙で表面粗さを変えた木材でブロックせん断試験を行った結果を図3-2-3に示す[11]。粗い研磨紙で処理した試験片の強度は未処理よりも高い値を示すが、研磨紙の粒度が細かくなるにつれて強度の低下が認められる。木材接着では接着剤の適度な浸透が接着強度に寄与するが、研磨紙などによる過度な処理は接着剤の適度な浸透を妨げることになるので、強度低下の原因となる。

接着面の粗さと接着性との関係は、厳密には被着材の種類、接着剤の種類や特性、塗布量、粘度、圧縮圧力、加熱温度などに影響される。一般には表面が粗いと接着剤の塗付に際して適切なぬれや浸透が阻害されるとともに圧縮による均一な接着層の形成が困難となる。そのため、塗布量の増加、充填剤の利用、圧縮圧力の上昇、さらには接着剤の変更などの対策を考える必要がある。

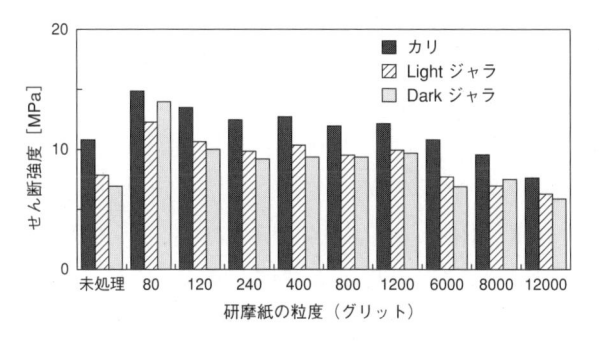

図3-2-3　せん断強度に及ぼす研磨紙の粒度の影響(接着剤：レゾルシノール樹脂)[11]

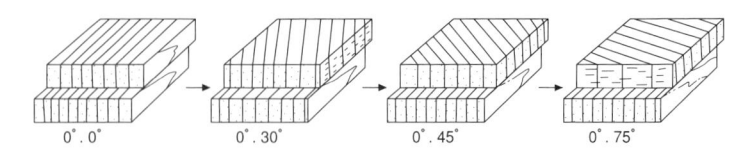

図 3-2-4 繊維走向度が水平的に異なる組み合わせ [12]

2.6 繊維走向

木材は樹幹の軸方向に直交異方体で、繊維方向(L方向)、放射方向(R方向)、接線方向(T方向)から成る。そのため、木取りによって板目面(LT面)、柾目面(LR面)、木口面(RT面)となり、材面に様々な木目や繊維の配列が現れる。この材面の組み合わせが接着強度に影響を及ぼす場合がある。例えば [12]、図 3-2-4 は木材の繊維方向が接着面に対し水平的に異なる組み合わせを示している。この接着強度

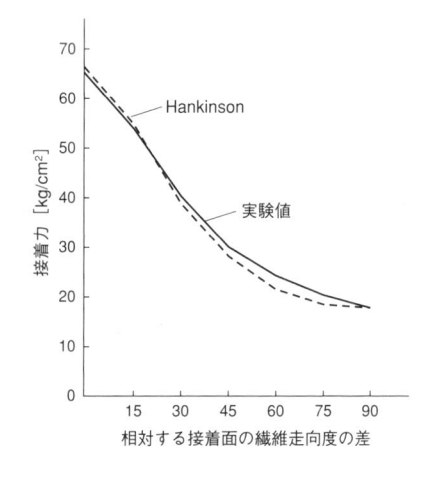

図 3-2-5 スギの繊維走向度と接着面との角と接着力との関係(水平的に異なる場合)[12]

の結果を 図 3-2-5 に示す。接着強度は互いの繊維方向を平行にして接着した場合に最も強く、片方の繊維方向が水平的に傾斜するに従って低下し、直交した場合に最低となる。この傾向は、木材の繊維傾斜角と強度との関係を示した下記の Hankinson 式と良く合致することが知られている [12]。

$$\sigma_\theta = \frac{\sigma_0 \cdot \sigma_{90}}{\sigma_0 \sin^2\theta + \sigma_{90} \cos^2\theta}$$

ここで、σ_θ は荷重が繊維と θ の角度で加えられたときの強度、σ_0 は繊維に平行方向の強度、σ_{90} は繊維に直角方向の強度である。

また、板目面、柾目面、木口面のそれぞれの組み合わせによる接着強度の変化を 図 3-2-6 に示す [13]。柾目面同士＞柾目面＋板目面＞板目面同士≫木口

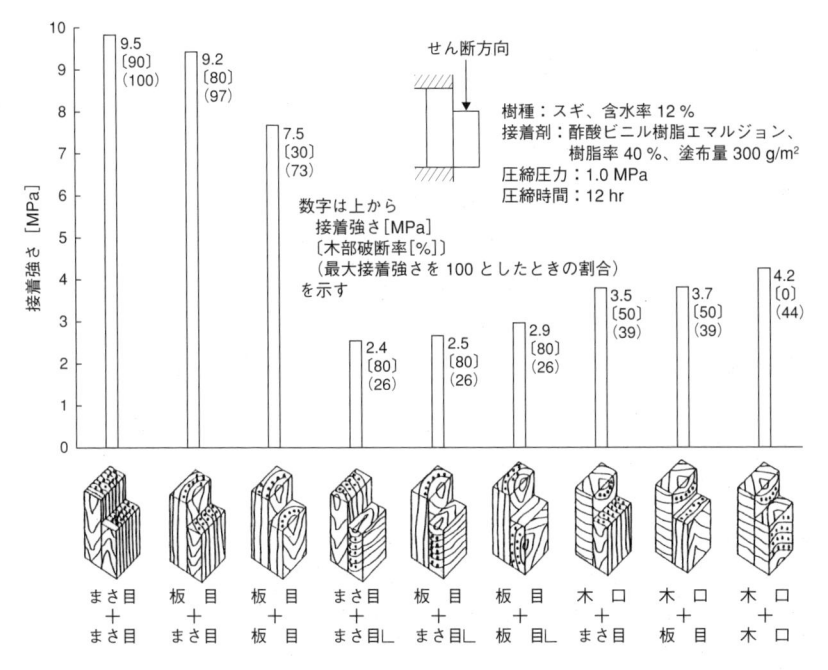

図3-2-6 接着面と接着強さとの関係[13]

面同士＞木口面＋柾目面≒木口面＋板目面の順に接着強度は低くなり、互いの繊維方向が直交するとさらに低くなる。一方、3層の積層材で中層単板の繊維角を接着面に対して水平から垂直まで変化させ、圧縮せん断強度[14]やはく離強度[15]を測定した研究では、繊維角度と接着強度との間に明確な相関が見られないことが報告されている。

このように、接着する面あるいは繊維走向によって得られる接着強度に様々な相違が見られるのは、繊維走向による木材自体の強度特性が異なることに加え、接着剤のぬれ性や浸透性などが影響するためである。

2.7 その他

[**心材と辺材**] 樹種によっては心材の樹脂成分が接着性に影響を及ぼすことがある。

[**年輪密度**] 年輪密度は材の密度に影響し、年輪密度が高くなる（晩材部が多

く)なると密度が高くなり、接着力も高くなる傾向にある。ただし、晩材部の抽出成分が接着力に影響を及ぼすことがある。

[**木材の欠点**] 樹木は生育の過程で自然環境の影響を受けて部分的に様々な組織変化を示し、木材として使用する際に欠点として現れることがある。節やあて材などの欠点部分は他の正常な部分とは異なった物性を示し、接着性も異なる。一般に、欠点部分が多い材はその接着性の悪さに加え、荷重に対して応力集中を起こしやすくなるために強度が低くなる。そのため、欠点部分は出来るだけ取り除くことが望ましい。

[**加工履歴**] 被着材表面は大気中に放置すると時間の経過にともなって空気中の酸素との反応や抽出成分の表層への移動、微小空隙の変化、水分やほこりの付着などが起こりぬれ性に影響を及ぼす。

● 文　献
1) 高谷典良ほか：林産試験場月報、294 号 (1976)
2) 森林総合研究所監修："木材工業ハンドブック　改訂第 4 版"、p. 738、丸善 (2004)
3) 日本木材加工技術協会編："木材の接着・接着剤"、p. 44、産調出版 (1996)
4) S. Q. Shi, D. J. Gardner：*Wood and Fiber Sci.*, **33**(1), 59 (2007)
5) 浅野伸次：木材工業、**22**、318-323 (1967)
6) Mari de Meijer et al.：*Langmuir*, **16**, 9352-9359 (2000)
7) Ildikó Mohammed-Ziegler et al.：*J. Adhesion Sci.*, **18**(6), 687-713 (2004)
8) Milojka Gindl et al.：*Colloids and Surfaces A*, **181**, 279-287 (2001)
9) Benoit St-Pierre et al.：*Forest Pord. J.*, **55**(12), 9-16 (2005)
10) Ismail Aydin：*Applied Surface*, **233**, 268-274 (2004)
11) J. Belfas et al.：*Holz als Roh Werkstoff*, **51**, 253-259 (1993)
12) 堀岡邦典：林業試験場研究報告、**89**、105-150 (1956)
13) 平井信二、上田康太郎："技術シリーズ 木工 (普及版)"、p. 152、朝倉書店 (2005)
14) Jürgen Follrich et al.：*Wood Sci. Technol.*, **41**, 501-509 (2007)
15) Jürgen Follrich et al.：*Wood Research*, **52**, 49-58 (2007)

第3節 接着剤に関する因子

3.1 接着剤の性能

接着剤には熱硬化性樹脂を主成分としたものや熱可塑性樹脂を主成分としたもの、さらには両方を複合させたものなど様々な種類が存在する。そのため、それぞれの特性を十分把握したうえで適切な接着剤を選ぶ必要がある。**表3-3-1**に主な木材用接着剤の接着特性を示し[1]、**表3-3-2**に接着剤糊液の特徴を含めた性能を示す[2]。

また、"何を接着してどこに使うか"を明確にすることも接着剤を選択する上で重要である。すなわち、以下の点に注意しておくべきである。

表 3-3-1 接着剤の特性[1]

No.	接着剤(主成分)	接着剤のタイプ	耐水性	耐薬品性	耐寒性	耐熱性	耐衝撃性	耐候性
1	酢酸ビニル樹脂	A・B	×―△	△	△	△	○―◎	△
2	アクリル樹脂	A・B	△	△	△―○	△	○―◎	○
3	酢ビ・アクリル樹脂	A・B	×―△	△	△	△	○	△―○
4	エチレン・酢ビ樹脂	A・B・D	△	△	△	△	○	△―○
5	ポリエステル	B・C・D・E	△―○	○	△―○	△―○	○	○
6	ウレタン樹脂系	A・B・D・E	○	○	○	○	○	△―○
7	ユリア樹脂	A・(E)	△	○	△	○	×―△	○
8	メラミン樹脂	A・(E)	○	○	△―○	○	△	△―○
9	フェノール樹脂	A・B・(E)	○	○	△―○	○	△	○
10	レゾルシノール樹脂	A・B・(E)	○	○	○	○	△	○
11	エポキシ樹脂	A・B・D・E	○	○―◎	○	○	△―○	○
12	天然ゴム	A・B	△	△―○	△―○	△	○―◎	△―○
13	クロロプレンゴム	A・B	△―○	△―○	△―○	△―○	○	○
14	ニトリルゴム	A・B	△―○	○	△―○	○	○	○
15	SBS、SIS	B・C	○	△	○	△	○―◎	○
16	水性高分子–イソシアネート系接着剤	E	○	△	○	○	○	△―○
17	α–オレフィン・無水マレイン酸樹脂系接着剤	E	○	△	○	△―○	○	△―○

接着剤のタイプ……A：エマルジョン、ラテックス、水性　B：溶剤形　C：ホットメルト形　D：フィルム形　E：反応形

接着剤の性質……◎：優　○：良　△：可　×：不可

表3-3-2 木材用接着剤の性能[2]

	ユリア樹脂	メラミン樹脂	フェノール樹脂 常温	フェノール樹脂 加熱	レゾルシノール樹脂	酢ビエマルジョン	カゼイングルー	α-オレフィン系	合成ゴム	ホットメルト	水性高分子-イソシアネート系
接着剤類別	熱硬化	熱硬化	熱硬化	熱硬化	熱硬化	熱可塑	天然高分子	熱可塑	熱可塑	熱可塑	熱可塑
接着硬化条件	常温	高温	中間温	高温	常温	常温	常温	常温 高温	常温	常温	常温
糊液の可使時間	自由	長い	自由	長い	1~6時間	非常に長い	6時間	1~6時間	非常に長い	6時間	1~2時間
接着剤の溶剤	水	水	アルコール	水	水	水	水	水	トルエン	加熱溶融	水
糊液のpH	3~4	3~5	1~2	9~12	6~9	3~5	10~12	7~13	—	—	5~6
可撓性	—	—	—	—	—	+	±	±	+	⧺	⧺
汚染性	⧺	⧺	—	—	—	⧺	±	±	±	±	+
金属の腐食	—	—	±	±	±	±	±	+	⧺	⧺	+
加工	±	±	±	±	+	+	+	+	+	+	+
耐湿性	+	⧺	⧺	⧺	⧺	+	+	+	±	+	⧺
耐水性	+	⧺	⧺	⧺	⧺	—	±	—	+	+	⧺
耐温水性	+	+	⧺	⧺	⧺	—	—	—	+	+	+
耐熱水性	—	+	⧺	⧺	⧺	—	—	—	±	±	+
耐熱性	+	⧺	⧺	⧺	⧺	—	+	—	+	±	+
耐老化性	—	±	+	+	+	—	⧺	—	+	⧺	⧺

注）⧺：非常に良い、＋：良い、±：少し悪い、−：悪い

①被着材の種類や性状

　木材は樹種によって密度、木理、抽出成分、硬さなどが異なり、接着剤によっては硬化不良を起こす場合がある。また、木製品には各種プラスチックや金属などと接着する場合もあるので、何と何を接着するかを明らかにする必要がある。

②被着材の大きさ

　例えばパーティクルボードやファイバーボードでは被着材となるエレメントが小さく、合板や集成材では大きい。被着材が小さい場合には接着剤を均一に塗布するために噴霧状にして塗布することが多く、被着材が大きい場合には接着面積も広くなるので、スプレッダーなどを用いて塗布することが多い。被着材の大きさは接着面積と関連し、これは使用する接着剤の粘度や分子量を検討

③接着物の使用環境

建物の構造用材料として使用する場合には長期にわたって安定した高い接着力を維持する必要があるため、接着力、耐水性、耐熱性、耐衝撃性など全般的に優れた性能を有する接着剤が要求される。造作用や家具・木工用では使いやすさや安全性、美観などに配慮した接着剤が求められる。一般に、使用場所の温度や湿度、接着物にかかる荷重の程度や変動などを勘案することが大切である。

④作業性

現場接着のように適宜状況に合わせて接着する場合には、取扱が容易で常温で硬化する接着剤が望まれる。また、人体や環境に対して有害な物質を含んでいる場合には安全性に注意しなければならない。

3.2 粘度

木材は多孔質材料であるため、接着剤の粘度が木材へのぬれや浸透性に影響する。通常、粘度が低いとぬれが良いので接着に有利であるが、低すぎると木材への浸透が大きくなり欠膠が生じて接着不良の原因となる。特に、熱圧接着の場合には加熱初期の粘度低下に注意する必要がある。これは、接着剤の硬化が始まる前に加温による粘度低下が起こり、それにともない接着剤の木材中への過度な浸透や染みだしが起こるためである。そして、結果として接着剤が接着層に残らず接着不良となってしまう。薄い単板を用いた場合には接着剤が単板表面に染み出すことがある。したがって、木材接着では状況に合わせて適切な粘度の接着剤を使用しなければならない。接着剤の粘度は大きく2つの因子に影響されやすい。一つは接着剤に使用される樹脂の粘度である。これは、樹脂の濃度や重合度に関連し、濃度が高いも

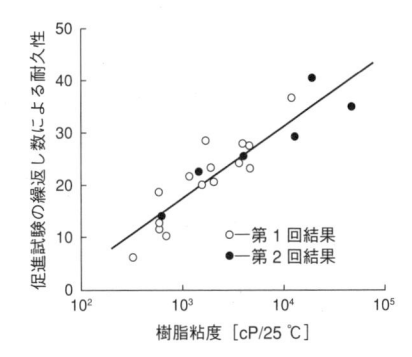

図3-3-1 粘度の違うユリア樹脂で接着した合板の接着耐久性 [4]

のや重合度が大きい樹脂は粘度が高くなる。図 3-3-1 は増量剤や充填剤を加えずに粘度の異なったユリア樹脂で合板を製造し、50％のはく離が認められるまでの乾湿繰り返し処理の回数で接着耐久性を評価した結果である[3]。ここでは、接着剤の粘度が高いほど接着耐久性に優れていることが分かる。もう一つは接着剤の樹脂以外の要素、すなわち溶剤や充填剤の添加割合である。一般に溶剤を加えると樹脂が希釈されて粘度が低下する。例えば、アルカリレゾール型フェノール樹脂であればアルコール、pMDI ではアセトンなどを加える。充填剤には小麦粉やクルミ殻粉末、木粉、大豆粉末などを加える。適正粘度は、ユリア樹脂接着剤で比較的厚い挽き板を接着する場合には 3～5 Pa·s、木工接着では 2～3 Pa·s、突き板接着では 10～30 Pa·s である。この他、合板作成時の接着剤粘度は 2 Pa·s 程度、集成材ラミナの接着では 4 Pa·s 程度である。

3.3 pH

接着剤と pH との関係は、化学反応により硬化する水溶性接着剤(ホルムアルデヒド系接着剤など)の場合に重要である。ユリア樹脂の合成では、アルカリ性下での付加反応(メチロール化)と酸性下での縮合反応(メチレン結合)を行った後に中性の状態で接着剤糊液としている(図 3-3-2)[4]。これを使用する際には、塩化アンモニウムなどの硬化剤を加えて溶液を酸性とし、縮合反応で硬化を進める必要がある。しかし、酸性が強すぎると硬化物中に酸が残留し、これが硬化物の加水分解を助長することになるので、通常は pH4 前後で硬化させる。

フェノール樹脂の場合、レゾール型ではアルカリ触媒下で合成され、接着剤として使用する際も pH は 10～12 の強アルカリ性である。このように、接着剤によって pH が異なっていることを認識しておかないと使用時に問題が生じることがある。例えば、接着剤の pH は被着材に大きく影響し、強い酸性やアルカリ性であれば被着材の劣化や変色の原因となるばかりでなく、接着性の低下の原因に

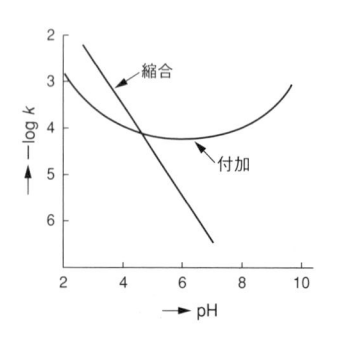

図 3-3-2　ユリアとホルマリンの反応速度と pH の関係 [4]

なることがある。被着材がスレートやコンクリートのようなアルカリ性を示すのものでは、酸で硬化する接着剤を使用すると中和されて硬化不良となる可能性がある。

3.4 硬化度

熱硬化性樹脂を主成分とした接着剤では、比較的低い分子量のプレポリマーの状態で糊液としている。これに熱や硬化剤、触媒などを加えると重合反応や架橋反応が起こりゲル化を経て三次元網目構造の高分子となる。この一連の反応を硬化反応といい、硬化の程度を硬化度という。熱硬化性樹脂の硬化度は溶媒抽出法など種々の分析方法によって測定することが出来る[5]。ただし、各分析方法での硬化度は相対的であり、分析方法が異なれば硬化度の値も異なることに注意する必要がある。図3-3-3はUVスペクトル法によっ

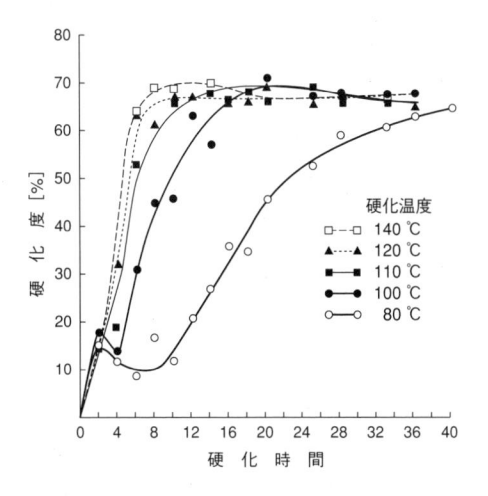

図 3-3-3 合板の接着層での接着剤の硬化度 [6]

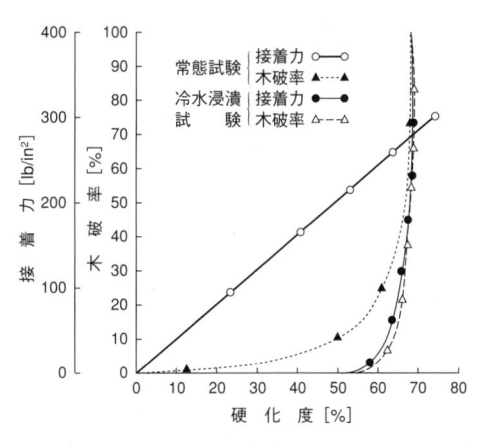

図 3-3-4 硬化度と合板接着力との関係 [6]

て測定したフェノール樹脂の硬化度に及ぼす硬化温度と硬化時間の関係を示している[6]。高い温度では短時間で高い硬化度が得られるが、低い温度での硬化度の上昇は極めて遅い。このことは、樹脂の硬化度に対して温度や時間が重要な因子であることを示している。接着剤は樹脂の硬化反応の進行にともなって接着性が発現するため、樹脂の硬化度が接着性に大きな影響を及ぼす。図3-3-4

表 3-3-3　各物質の極性

極性物質	非極性物質
セルロース物質(木材、綿、紙など)、フェノール樹脂、ユリア樹脂、エポキシ樹脂、金属酸化物、水、アルコール	ポリエチレン、天然ゴム、ブチルゴム、テフロン、ポリスチレン、ナイロン、エーテル、ベンゼン

はフェノール樹脂の硬化度と3プライ合板の接着性能の関係を示している[6]。常態試験では硬化度の増加にともなって接着力も直線的に増加し、木破率は硬化度が50%を超えた頃から急激に上昇する。一方、冷水浸せき試験では硬化度が50%以上にならないと接着力、木破率とも発現しない。すなわち、常態での低い硬化度での接着力の発現は未硬化樹脂の乾燥固化による凝集力に依存していると考えられ、十分な接着性を得るためには硬化度を高くすることが重要である。

3.5　その他(極性、分子量)

接着性に及ぼすその他の影響として、樹脂の極性や分子量が上げられる。木材を始めとした植物の主要化学成分はセルロース、ヘミセルロース、リグニンであり、これらは−OH基、−CO基などの官能基を有する極性分子である。極性分子は互いに接近すると異符号の電荷は引き合い二次結合を生じる。この結合には例えば水素結合があり、接着性の発現には重要な結合である。そのため、木材の接着には極性分子を有した接着剤が有効であり、既存の木材接着用の樹脂は極性分子を含んでいる。例えば、酢酸ビニル樹脂では側鎖のアセテート基内のカルボニル基が極性の接着面に優先的に配向し強く吸着される結果、良好な接着性を示す。表 3-3-3 に各物質の極性を示す。

樹脂の分子量(重合度)は接着強度に影響するだけでなく被着材表面へのぬれ、浸透速度、接着剤の凝集力にも影響する。分子量が高いものは凝集力が強く、強靭な被膜を形成して結果的に強い接着力をもたらす。しかし、分子量が高すぎると凝集力が強すぎて可塑性を失うために脆くなり、接着力の低下の原因となる。熱硬化性樹脂の接着剤は、熱や硬化剤によって硬化して分子量が大きくなり、適度な分子量のものが接着層を形成する。これは、前述した樹脂の硬化

度とも関連する。熱可塑性樹脂の接着剤は、接着時にはすでに高分子状態であるため、その分子量が接着性を支配する。そのため樹脂の合成は厳密に行う必要がある。

● 文　献 ─────────────

1) 日本接着学会編："初心者のための接着技術読本"、日刊工業新聞社、p. 38（一部抜粋）(2004)
2) 小西信著："木材の接着"、(社)日本木材加工技術協会、p. 75 (1982)
3) Rice, J. T.：*Forest Prod. J.*, March (1965)
4) 小西信著、三刀基郷監修："被着材からみた接着技術　木質材料編"、日刊工業新聞社、p. 82 (2003)
5) 福田明徳：科学と工業、**53**(4)、p. 125-130 (1979)
6) 中村史門：林産試験場月報、219 号、p. 11-16 (1970)

第 4 節　接着操作に関する因子

接着工程の概要については第 1 節で述べたが、本節では各工程における接着操作に関する因子について詳しく述べる。

4.1　接着剤の配合

接着剤の配合は、一般的には接着剤メーカーの示す標準仕様によって行われる。しかし、特殊な条件下で特別仕様によって対処する必要がある場合、接着剤の配合をその条件に適合するようにしなければならない。変化させる因子としては、硬化剤、充填剤、増量剤、可塑剤など主剤に対して添加あるいは混合する割合が重要である。特に 2 液性の接着剤を使用する場合には硬化剤の配合量が最も重要な因子となる。また、防腐剤などを接着剤に混入する場合などには、その薬剤が接着剤の硬化に及ぼす影響を考慮しなければならない。さらに、接着剤の使用量や使用場所の温度などを考慮して配合しなければならない。

4.2　接着剤の塗布量

接着剤の塗布量は被着材の表面に均一に塗布されて、しかも硬化後に均一な接着層が形成されるようにしなければならない。空隙充填性の乏しい接着剤を用いる場合には、接着層が出来るだけ薄くなる方が接着強度が高くなる。しかし、木材は多孔質であり、被着材面は樹種によって異なり接着剤の吸収が非常に大きい材では欠膠(starved joint)を生じ易いので注意しなければならない。また、密度が高くぬれのよくない材では塗布量が多すぎると、接着面から接着剤がはみ出して、接着層付近の材面を汚したり、接着層厚さが不均一になったりすることになる。経済的な面からは被着材の状態を考慮して、均一で連続した、欠膠を生じない範囲で出来るだけ薄い接着層を形成する適度な塗布量を決定することが肝要である。

塗布量の単位は一般に g/m^2 で表されるが、アメリカではポンド・ヤード法の単位を用い、英国等では $lb/1000 ft^2$ が用いられる。また、合板の塗布量として $g/(30 cm)^2$ が用いられることがある。これは日本建築のモジュールが昔の寸

法表示である尺貫法に基づいており、合板の製造寸法標準が3×6尺(尺：約30 cm)であるために現場で慣用されている。通常ゴム系接着剤等を除けば、接着剤を被着材の片面にのみ塗布する(片面塗布)が、その標準的な塗布量としては、集成材等素材の接着では1接着層あたり250～300 g/m²程度である。合板接着の場合はスプレッダーで

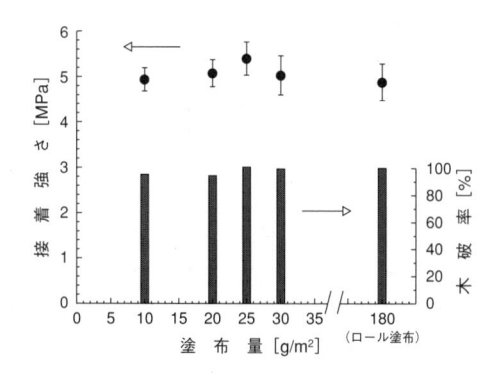

図3-4-1 インクジェット塗布法によって接着したフェノール樹脂接着剤の接着強さと木破率[4]

単板の両面に接着剤を塗布する両面塗布で両面の2接着層当たりの塗布量で表され、220～380 g/m²が標準とされている。ただし、被着材面が粗い場合や浸透性の高い被着材あるいは含水率の高い被着材の接着では塗布量を若干多くした方がよい。また、厚みが0.5 mm以下の薄い突き板や化粧紙を合板表面に化粧貼りする場合は片面塗布で70～140 g/m²の塗布量が標準である[1,2]。

最近の研究では、新しい塗布方法によって上述の標準塗布量よりかなり少ない塗布量でも、十分な接着力が得られるということが報告されている[3,4]。図3-4-1はカバ・ソード単板をフェノール樹脂で接着した場合の塗布量と接着性能の関係を示している。今後これらの塗布方法が実用化されれば、塗布量を非常に少なくして接着することが可能となってくるであろう。

4.3 堆積時間

開放堆積時間は接着剤を被着材面に塗布してから被着材を堆積して、接着剤塗布面を閉じるまでの時間であり、接着剤の種類、配合、塗布量、被着材の含水率、作業環境(温湿度)などによって異なる。ゴム系接着剤では、被着材の両方に塗布して接着剤の溶剤が揮発するまで開放堆積時間をとらなければ接着層中に溶剤を含んだまま接着することになり、十分な接着性能が得られない。その他一般の接着剤では塗布した接着剤の流動性が失われないように、あまり長い開放堆積時間をとらないようにしなければならない。作業環境の温度が高い

か、あるいは湿度が非常に低い場合には、流動性が乏しくなって接着剤を塗布しない方の被着材に接着剤が流動しにくくなったり、接着剤の硬化が進んだりして接着不良をもたらすことになるので注意しなければならない。作業工程上やむを得ず開放堆積時間が長くなるような場合には、硬化を若干遅延させるような接着剤の配合にするなどの配慮をする必要がある。

接着剤を塗布した被着材を堆積し、圧縮するまでの閉鎖堆積時間は、塗布した接着剤が非塗布被着材面に流動して、均一で欠膠を生じない連続した接着層を形成するために重要である。閉鎖堆積時間は可能な限り短い方がよく、長すぎると圧縮する前に硬化が進行したり、被着材中に接着剤が浸透しすぎて欠膠状態になったりする可能性があるので、特に作業環境温度が高い場合には注意しなければならない。

4.4 圧縮と接着層厚さ

被着材間で接着剤が完全な接着剤層を形成するために適切な圧力で圧縮することが必要である。一般に 1.0 MPa 前後の圧縮圧力が多くの被着材に適用されるが、密度の低い材では 0.5〜0.7 MPa、密度の高い硬材では 1.5 MPa 程度が適する圧縮圧力である。圧縮圧力が低すぎると均一な接着層にならなかったり、接着層厚さが厚くなりすぎたりする。一方、高すぎると被着材が圧潰したり、接着剤が流出して欠膠を生じさせたりする。また、合板やLVLの製造における熱圧接着の場合には、接着によって厚さ減りが生じ、圧縮圧力が高すぎると厚さ減りが著しくなる。

一般に木材接着においては接着層が薄いほど高い接着力を示して、厚くなるにつれて低くなる。特に空隙充填性の乏しい接着剤で圧縮圧力が低い場合は顕著である[5,6]。**図 3-4-2** に各種接着剤の接着層厚さと接着力との関係を圧縮圧力の異なる場合について示す[5]。レゾルシノール樹脂やフェノール樹脂接着剤などの空隙充填性を有する接着剤では接着層厚さが厚くなっても、接着力の低下は少ないが、硬化時の体積収縮の大きいユリア樹脂などでは低下が著しい。また、エポキシ樹脂接着剤のように硬化時に体積収縮がなく、高い空隙充填性を有する接着剤では圧縮加圧しなくても接着できる。例えば接着層厚さを 1.5 mm に規制した被着材間に接着剤を流し込んで、圧縮することなく接着しても十分

第4節 接着操作に関する因子

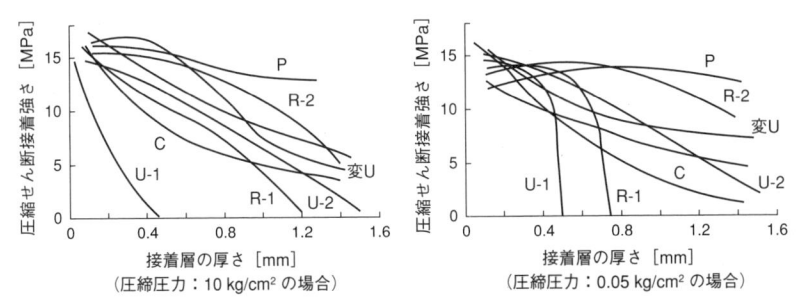

図3-4-2 圧縮圧力、接着層厚さと接着強さの関係[5]

P：フェノール樹脂、R：レゾルシノール樹脂、U：ユリア樹脂、変U：変性ユリア樹脂、V：酢ビエマルジョン、C：カゼイングルー、試験材：ブナ

な接着力が得られる[7,8]。ゴム系接着剤では接着剤を塗布した被着材面同士を合わせて、ローラープレスを用いたりゴムハンマーで衝撃加圧して0.3〜0.5 MPa程度の低い圧縮圧力で接着することができる。瞬間接着剤と称されている感圧型のシアノアクリレート系接着剤では、さらに手で押しつける程度のごく僅かな圧力で接着できる。

4.5 硬化(固化)温度と圧縮時間

　接着剤を塗布した被着材を堆積圧縮した後、接着剤が硬化あるいは固化して完全な接着層を形成するまで圧縮しておく時間、すなわち「圧縮時間」は極めて重要な因子である。圧縮時間は接着剤に関する条件(種類、タイプ、配合など)、被着材に関する条件(樹種、形状：挽板、単板、パーティクルなど)、作業環境条件(工場、屋外現場)、圧縮機器などによって異なる。一般に工場でプレス機によって圧縮接着する場合が多いが、そこでは温度と圧縮時間は正確に制御される。熱硬化型接着剤を用いてホットプレスで加熱接着する場合の圧縮時間は短く、合板製造では厚さ1 mm当たりの時間で表される。ユリア樹脂では90〜110 ℃で20〜30秒/mm、メラミン・ユリア共縮合樹脂では100〜120 ℃で20〜30秒/mm、フェノール樹脂(高温硬化型)では130〜150 ℃で40〜60秒/mmが標準とされている。パーティクルボード製造では各接着剤の硬化温度を合板の場合より20〜30 ℃高くして、圧縮時間はほぼ60秒/mm程度を標準とするが、製造条件によって異なる[1]。最近ボード製造によく用いられるように

なったイソシアネート系接着剤では硬化温度は170～180℃に設定される。

集成材や家具製造では一般に加温せず常温で接着され、ある程度長時間圧縮して接着される。しかし、最近では速硬化型の接着剤が適用されたり、加温して硬化時間を短縮して接着する方法が発達してきている。短時間で加熱する方法として高周波あるいはマイクロ波を用いて接着されることも多いが、この場合には特殊な装置を用いて接着剤塗布部分が選択的に加熱される方法であり、それに適した温度と時間が設定される。

なお、これらの方法の詳細については、第5章でそれぞれの実用接着に関して述べられている。

圧縮時間が終了して解圧後も接着剤の硬化は十分に完了しないことが多いためある程度の養生期間が必要である。合板、LVLの製造において熱圧接着する場合には、解圧後しばらく堆積しておくことで温度が保持されて硬化が進行し、接着が完了する。また、常温で接着する場合にも解圧後の養生が必要であり、熱硬化型のレゾルシノール樹脂接着剤や水性高分子−イソシアネート系樹脂接着剤を用いた集成材製造で作業環境温度が低い場合には特に十分な養生期間をとることが肝要である。

● 文 献

1) 小西　信："木材の接着"、日本木材加工技術協会、p. 61(1982)
2) 吉田弥明："木材の接着・接着剤"、日本木材加工技術協会編、産調出版、p. 67(1996)
3) 山内孝文ほか：木材学会誌 **48**(5)、432-438(2002)
4) 山内孝文、梅村研二：第59回日本木材学会大会研究発表要旨集 CD(2009)
5) 後藤輝男ほか：木材研究 No. 31、59-74(1963)
6) 作野友康、後藤輝男：日本接着協会誌 **3**(5)、339-343(1967)
7) 作野友康：鳥取大学農学部演習林報告 No. 9、1-97(1977)
8) Sakuno, T.：*Proceeding of the International Adhesion Symposium*, p. 677-688(1997)

第 4 章 木材接着の性能評価と耐久性

第 1 節　接着性評価

　木材接着体、および接着剤の接着性能を評価する方法は、実際の使用条件下において調べることが重要である。しかし、実際の使用条件は、色々な環境下にあり、様々な性能が要求される。ここでは、日本農林規格(JAS)および日本工業規格(JIS)に基づいた性能試験方法と評価基準値を取り上げることにする。日本では、接着剤に関しては、JIS や日本接着剤工業会規格(JAI)に、木質材料に関しては、合板、集成材、単板積層材(LVL)などは JAS に規定されているが、繊維板やパーティクルボード、配向性ストランドボード(OSB)などのボード類は JIS に規定されている。

1.1　JAS および JIS の処理条件と対応性能
　木材接着製品の接着強度は、常態強度だけでなく、それぞれの接着製品に対応した耐水性能水準を調べるために、接着強度試験を実施する前に促進劣化処理が試験片に行われる。**表 4-1-1** と **表 4-1-2** に JAS 合板と集成材・単板積層材等の接着試験に採用されている試験片の処理条件と対応性能[1,2]を示す。また **表 4-1-3** に JIS 接着剤の耐水性能試験における処理条件[3]を示す。

1.2　試験方法 [4,5]
　JIS K 6848-1：1999　接着剤－接着強さ試験方法－第 1 部：通則によると、この規格は、接着剤の接着強さ試験方法の一般的な事項について規定されており、被着材の種類が木材・木質材料では、

表 4-1-1　JAS の接着試験に採用されている処理条件と対応性能 [1]

製品	試験	耐水類別（用途）	処理試験の名称	処理方法	規格対象製品
合板	引張せん断	特類	連続煮沸試験	沸騰水中に 72 hr→室温水中にて室温まで冷却	構造用合板 足場板用合板
			スチーミング繰返し試験	室温水浸せき 2 hr 以上→スチーミング 130±2 ℃、2 hr→室温流水中 1 hr→スチーミング 130±2 ℃、2 hr→室温水中にて室温まで冷却	
			減圧加圧試験	室温水中に浸せき→減圧 635 mmHg、30 min→加圧 4.6～4.9 kgf/cm² 30 min	
		1 類	煮沸繰返し試験	沸騰水中に 4 hr→乾燥 60±3 ℃→沸騰水中に 4 hr→室温水中にて室温まで冷却	普通合板 構造用合板 コンクリート型枠用合板 難燃合板 パレット用合板
			スチーミング処理試験	室温水浸せき 2 hr 以上→スチーミング 120±2 ℃、3 hr→室温水中にて室温まで冷却	
		2 類	温冷水浸せき試験	温水浸せき 60±3 ℃、3 hr→室温まで冷却	普通合板 難燃合板 防災合板
		3 類	常態		普通合板
	浸せきはくり	1 類	1 類浸せきはくり試験	沸騰水中に 4 hr→乾燥 60±3 ℃、20 hr→沸騰水中に 4 hr→乾燥 60±3 ℃、3hr	普通合板 特殊合板 難燃合板
		2 類	2 類浸せきはくり試験	温水浸せき 70±3 ℃、2hr→乾燥 60±3 ℃、3hr	普通合板 特殊合板 難燃合板 防災合板 フローリング
		3 類	3 類浸せきはくり試験	温水浸せき 35±3 ℃、2hr→乾燥 60±3 ℃、3hr	普通合板 特殊合板 難燃合板

JIS K 6851　接着剤の木材引張りせん断接着強さ試験方法
JIS K 6852　接着剤の木材圧縮せん断接着強さ試験方法
JIS K 6853　接着剤の木材割裂接着強さ試験方法
JIS K 6854-2　接着剤のはく離接着強さ試験方法－第 2 部：180° はく離
JIS K 6855　接着剤の衝撃接着強さ試験方法

表4-1-2 JASの接着試験に採用されている処理条件と対応性能[2]

製品	試験	耐水類別(用途)	処理試験の名称	処理方法	規格対象製品
集成材	ブロックせん断		常態		構造用集成材 構造用大断面集成材
	浸せきはくり	造作用	浸せきはくり試験	室温水浸中に6 hr→乾燥40±3℃、18 hr	造作用集成材 構造用集成材
		構造用	煮沸はくり試験	沸騰水中に5 hr→室温水中に1 hr→乾燥60±3℃、18 hr	構造用集成材
		構造用大断面	浸せきはくり試験	室温水中に24 hr→乾燥60±3℃、24 hr	構造用大断面集成材
			煮沸はくり試験	沸騰水中に5 hr→室温水中に1 hr 乾燥60±3℃、24 hr	
単板積層材	水平せん断	構造用	常態		構造用単板積層材
	浸せきはくり	非構造用	浸せきはくり試験	温水浸せき70±3℃、2 hr→乾燥60±3℃、MC 8%以下まで	単板積層材
		構造用	浸せきはくり試験	室温水中に24 hr→乾燥60±3℃、24 hr	構造用単板積層材
			煮沸はくり試験	沸騰水中に5 hr→室温水中に1 hr 乾燥60±3℃、24 hr	
パネル用	剥離抵抗	構造用	常態はくり試験		構造用パネル
	浸せきはくり	構造用	煮沸はくり試験	沸騰水中に2 hr	
たて継ぎ材	浸せきはくり	構造用	煮沸繰返し試験	沸騰水中に5 hr→室温水中に1 hr→乾燥60±3℃、18 hr以上	枠組壁工法 構造用たて継ぎ材
			減圧加圧試験	水中浸せき→減圧 508〜635 mmHg 30 min→加圧 5.2±0.3 kgf/cm²、2hr→乾燥70±3℃、18 hr以上	

JIS K 6856 接着剤の曲げ接着強さ試験方法

JIS K 6859 接着剤のクリープ破壊試験方法

の7種類の試験方法が挙げられている。

被着材の木材は、含水率4〜15%に乾燥した容積密度500〜800 kg/m³のカバ材のまさ目材または容積密度450〜600 kg/m³の南洋材単板を使用する。カバ材の代わりに他の樹種を用いた場合はその旨を結果に記載する。汎用的な接

表 4-1-3　JIS 接着剤の耐水性試験における処理条件 [3]（JIS K 6857：1973）

処理条件の記号	処理条件*		
	処理時間 (h)	処理温度 (℃)	水分条件
A	3 1/6	30±1 20±1	水に浸せき 水に浸せき
B	72	室温	水に浸せき
C	720	室温	水に浸せき
D	3 流水で室温まで冷却	60±3	水に浸せき
E	72 流水で室温まで冷却	97〜100	水に浸せき
F	48 8 16 8 16 8 16	20±1 60±3 20±1 60±3 20±1 60±3 20±1	水に浸せき 乾　燥 水に浸せき 乾　燥 水に浸せき 乾　燥 水に浸せき
G	4 20 4 流水で室温まで冷却	97〜100 60±3 97〜100	水に浸せき 乾　燥 水に浸せき
H	72	室温	85〜90％RH
I	24 24 72 48	20±2 50±3 20±1 50±3	85〜90％RH 乾　燥 85〜90％RH 乾　燥

＊ 処理条件が2行以上にわたる場合は、順次連続して処理するものとする。

着強さ試験は、引張りせん断接着強さ試験、圧縮せん断接着強さ試験、曲げ接着試験、およびクロスラップ引張り試験によって行われる。

主要な規格試験法について以下に示す。

(1) 引張りせん断試験

a) 合板タイプ

合板および接着剤の接着試験方法として用いられる。試験法は、幅 25 mm、表板の繊維方向に沿った長さ 80 mm の試験片にこれと直交する溝を入れ、13

第1節　接着性評価

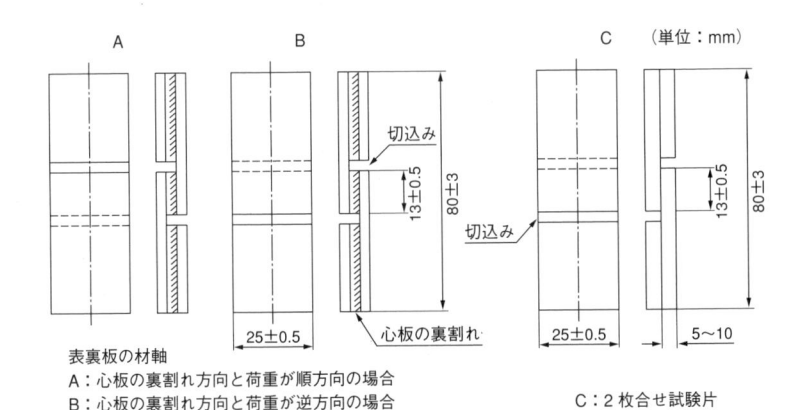

図4-1-1　JIS K 6851　接着剤の木材引張りせん断接着強さ試験

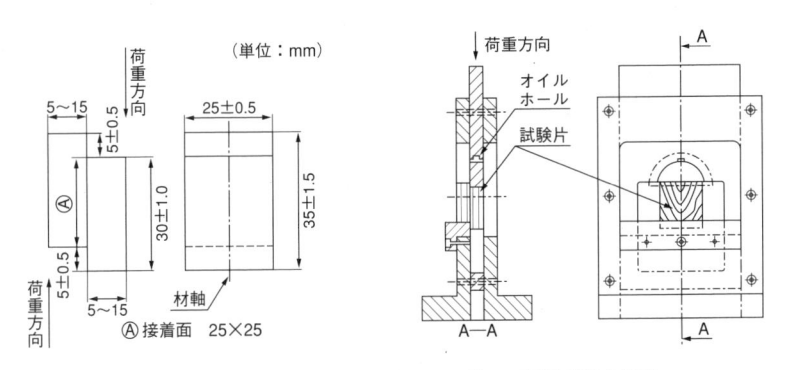

表裏板の材軸
A：心板の裏割れ方向と荷重が順方向の場合
B：心板の裏割れ方向と荷重が逆方向の場合
C：2枚合せ試験片

図4-1-2　JIS K 6852　接着剤の圧縮せん断接着強さ試験

×25 mm ～25×25 mmの接着面積を持つ試験片を作製し（**図4-1-1**、AとB）、両端に引張力を加えせん断破壊させる。JASでは、針葉樹合板の場合、木部破断率とせん断強さの両者で評価判定する。

b）挽き板接着タイプ

主として接着剤の接着試験方法として用いられる。試験法は厚さ5～10 mmの挽き板を2枚合わせとし13×25 mmの接着面積を持つ試験片を作製し（**図4-1-1**、C）、両端に引張力を加えせん断破壊させる。

（2）圧縮せん断試験

ブロックせん断試験とも言われる。接着剤の標準試験法としてJIS、あるいは

集成材・単板積層材のJASに採用される。JISでは、厚さ5～15 mmの挽き板を平行接着した2枚合わせ試験体から接着面積25×25 mmのイス型の試験片を切り出す(図4-1-2)。JASでは、構造用集成材の試験片は接着面積25 mm～55 mm×25 mm～55 mm、厚さをラミナの厚さまたは採取可能な最大の長さとし、単板積層材の試験片は同様な接着面積で厚さは10～20 mmとする。性能は、接着強さと木部破断率の両者で評価判定する。

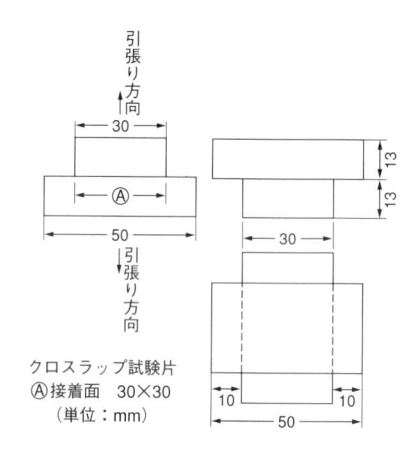

図4-1-3 クロスラップ引張り接着強さ試験[6]

(3) 平面引張り試験(クロスラップタイプ)

挽き板単材を直交接着したものを面に垂直に引き剥がす(図4-1-3)ので、ブロックせん断型の平行接着型のせん断試験とは異なった解析が期待できる。

(4) 曲げ試験

接着剤の試験に採用されている方法で、シングルラップタイプの試験片(図4-1-4①)と積層試験片(図4-1-4②)を用いる。また木質ボード類の曲げ試験に

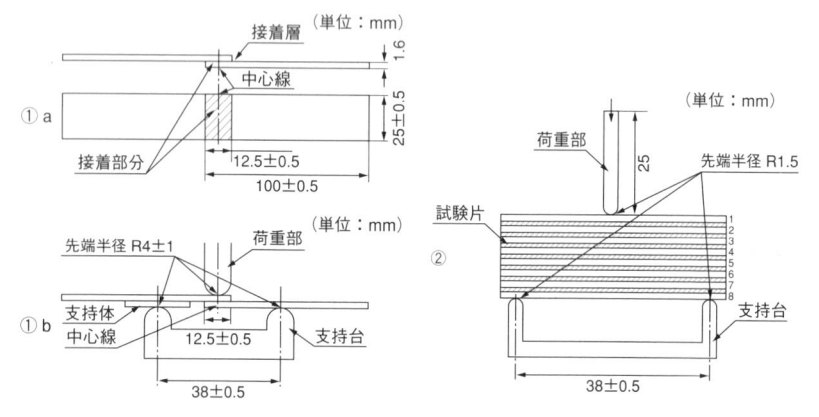

図4-1-4 JIS K 6856 接着剤の曲げ接着強さ試験

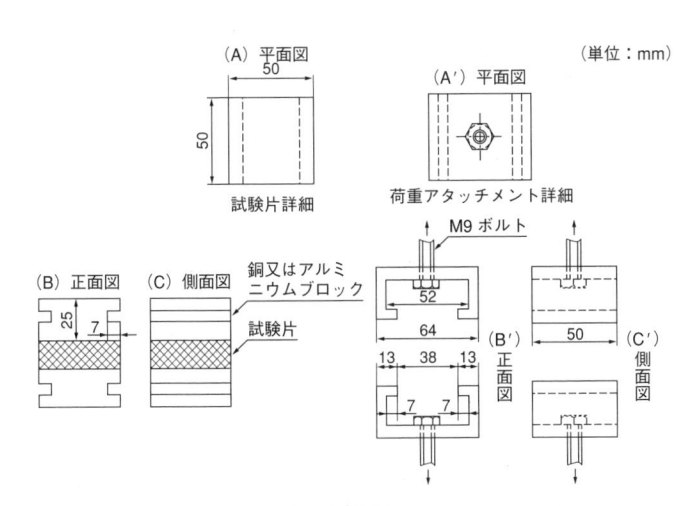

図4-1-5　はく離強さ試験（JIS A 5905：2003）

より曲げ強度が求められる。

(5) はく離強さ（抗張力）試験

パーティクルボードやOSB等ボード類の小片間の接着力（内部結合力）の試験法としてJISに採用されている方法である。50×50 mmの試験片の両面にスチールまたはアルミブロックを接着し、面に垂直方向に引張力を負荷する（図4-1-5）。

(6) 割裂試験

接着剤の割裂接着強さ試験法としてJISに採用されている。木材にも適用できる（図4-1-6）。

(7) 衝撃試験

動的接着試験法の一つで、JISで採用されている（図4-1-7）。振り下げハンマーで椅子型の試験片を破壊させる。接着強さは単位面積あたりの衝撃吸収エネルギー（J/m^2、$kg\cdot cm/cm^2$）で示される。

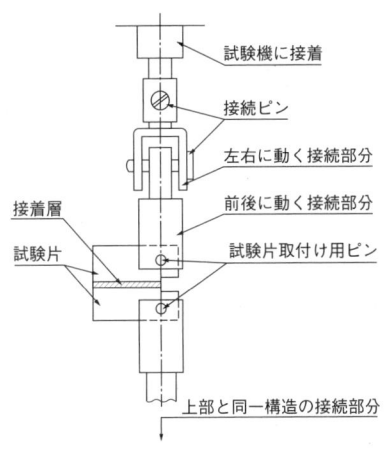

図4-1-6　JIS K 6853　割裂接着強さ試験

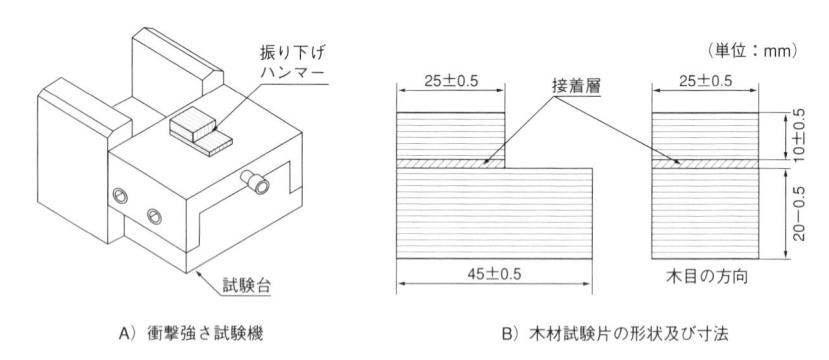

A) 衝撃強さ試験機　　　　　　　B) 木材試験片の形状及び寸法

図 4-1-7　JIS K 6855　衝撃接着強さ試験

(8) クリープ抵抗試験

木材用接着剤のクリープ試験方法として採用されている。試験片はダブルラップの引張り試験片を用い、温度コントロール下で載荷して破壊までの時間と破断状況によって評価判定する。

1.3　JAS 製品の合格性能値

合板の場合、処理試験の結果、平均木部破断率とせん断強さが **表 4-1-4** の基準値を越える時、JAS 製品の合格性能値である。構造用単板積層材(LVL)の場

表 4-1-4　平均木部破断率とせん断強さ（JAS 合板）

その試験片に用いられている単板の樹種		平均木部破断率（%）	せん断強さ（MPa 又は N/mm^2）
広葉樹	カバ		1.0
	ブナ、ナラ、イタヤカエデ、アカダモ、シオジ、ヤチダモ		0.9
	セン、ホオ、カツラ、タブ		0.8
	ラワン、シナ、その他広葉樹		0.7
針葉樹			0.7
		50	0.6
		65	0.5
		80	0.4

注）異なった樹種の単板の組合わせでできている試験片については、それぞれの樹種のせん断強さの値のうち最も小さいものを適用する。

表4-1-5 試験片のせん断強さと木部破断率（JAS 構造用集成材）

樹種区分の番号	樹　種　区　分	せん断強さ (MPa 又は N/mm²)	木部破断率 (%)
1	イタヤカエデ、カバ、ブナ、ミズナラ、ケヤキ及びアピトン	9.6	60
2	タモ、シオジ及びニレ	8.4	
3	ヒノキ、ヒバ、カラマツ、アカマツ、クロマツ、ベイヒ、ダフリカカラマツ、サザンパイン、ベイマツ及びホワイトサイプレスパイン	7.2	65
4	ツガ、アラスカイエローシダー、ベニマツ、ラジアタパイン及びベイツガ	6.6	
5	モミ、トドマツ、エゾマツ、ベイモミ、スプルース、ロッジポールパイン、ポンデローサパイン、オウシュウアカマツ、ジャックパイン及びラワン	6.0	
6	スギ及びベイスギ	5.4	70

合、各種の処理条件によるはく離試験の結果、はく離率5％以内、かつ接着層におけるはく離の長さが1/4以内で合格値になる。構造用集成材や化粧ばり構造用集成柱では、各種の浸せきはく離試験によるはくり程度の測定の結果、はく離率5％以内、はく離の長さ1/4以内で合格となり、またブロックせん断試験の結果、試験片のせん断強さと木部破断率が 表4-1-5 の基準値以上であることが要件の一つである。その他、曲げ強度や曲げヤング係数において適合基準値が設定されている。

　一例として、厚さ3mmのスギ単板を用いて実験室的に製造した3プライ合板の接着強度を 図4-1-8 に示す。接着剤は、PL：市販生分解性ポリ乳酸エマルジョン接着剤（固形分28.8％）、UF：自家合成ユリア樹脂接着剤（固形分49.7％）、PF：自家合成フェノール樹脂接着剤（固形分55.2％）を用い、接着剤の塗布量

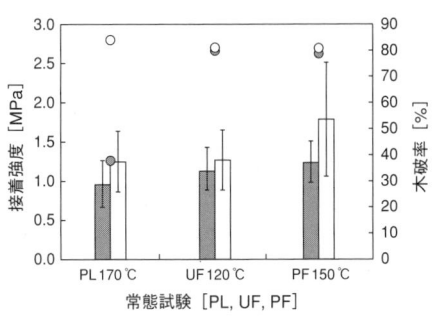

図4-1-8　3プライスギ合板の接着強度[7]

表 4-1-6　MDF の曲げ強度とはくり強さによる区分（JIS A 5905）

種　類	記　号	曲げ強さ	はくり強さ N/mm²
30 タイプ	30	曲げ強さ 30.0 N/mm² 以上	0.5 以上
25 タイプ	25	曲げ強さ 25.0 N/mm² 以上	0.4 以上
15 タイプ	15	曲げ強さ 15.0 N/mm² 以上	0.3 以上
5 タイプ	5	曲げ強さ 5.0 N/mm² 以上	0.2 以上

表 4-1-7　パーティクルボードの曲げ強度とはくり強さによる区分（JIS A 5908）

種　類		記　号	曲　げ　強　さ	はくり強さ N/mm²
素地パーティクルボード及び化粧パーティクルボード	18 タイプ	18	曲げ強さが縦方向・横方向とも 18.0 N/mm² 以上のもの。	0.3 以上
	13 タイプ	13	曲げ強さが縦方向・横方向とも 13.0 N/mm² 以上のもの。	0.2 以上
	8 タイプ	8	曲げ強さが縦方向・横方向とも 8.0 N/mm² 以上のもの。	0.15 以上
素地パーティクルボード	24-10 タイプ	24-10	曲げ強さが縦方向 24.0 N/mm² 以上 横方向 10.0 N/mm² 以上のもの。	0.3 以上
	17.5-10.5 タイプ	17.5-10.5	曲げ強さが縦方向 17.5 N/mm² 以上 横方向 10.5 N/mm² 以上のもの。	
単板張りパーティクルボード	30-15 タイプ	30-15	曲げ強さが縦方向 30.0 N/mm² 以上 横方向 15.0 N/mm² 以上のもの。	

注）24-10 タイプは配向性ストランド（OSB）タイプ、17.5-10.5 タイプはウエファータイプのボードをいう。

を 4.5 g/15 cm×15 cm とし、3 枚の単板を繊維に直交もしくは平行するように重ね合わせた。プレス条件は、コールドプレスを 30 分間とし、ホットプレスを温度 PL：170 ℃、UF：120 ℃、および PF：150 ℃ で、圧縮圧力 1 MPa、10 分間行った。JIS K 6851 に従って、常態における引張せん断試験を行った。

1.4　JIS 製品の合格性能値

MDF（中密度繊維板）やパーティクルボードの曲げ強度とはく離強さが **表 4-1-6** と **表 4-1-7** の基準値を越える時、JIS 製品の合格性能値である。

一例に、アンズおよびモモの種の粉末とポリ乳酸エマルジョン接着剤で実験室的に製造した単層パーティクルボードの曲げ強度を **図 4-1-9** に示す。接着剤は、PL：市販生分解性ポリ乳酸エマルジョン接着剤（固形分 28.8 %）を用い、

第1節　接着性評価

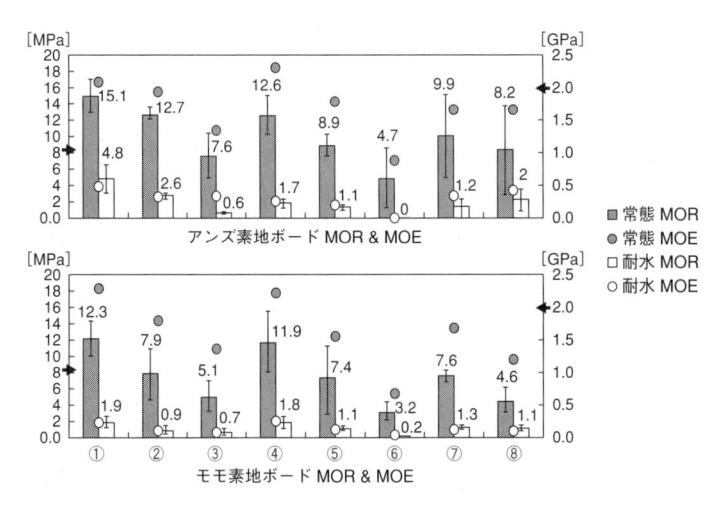

図4-1-9　アンズおよびモモ素地パーティクルボードの曲げ強度特性[8]

アンズまたはモモの種の粉末（100メッシュパス）との混合物を熱圧成形（160℃、1.5 MPa、15 min）し、パーティクルボード（30 cm×30 cm×0.6 cm、目標密度1.0 g/cm³）を製造した。常態での曲げ強度と室温、24時間水中浸漬後の耐水曲げ強度を測定した。

図中の左右の縦軸は、それぞれ曲げ強度（MOR）と曲げ弾性率（MOE）を示し、左右の矢印はそれぞれJIS A 5908の8タイプの基準値と参考値を示す。また、数字記号①：マット含水率30％・含脂率20％、②：マット含水率30％・含脂率15％、③：マット含水率30％・含脂率10％、④：マット含水率25％・含脂率20％、⑤：マット含水率25％・含脂率15％、⑥：マット含水率25％・含脂率10％、⑦：マット含水率20％・含脂率20％、および⑧：マット含水率25％・含脂率15％である。

1.5　接着再構成木質材料に関する接着剤の規格

1999年以前までは、JIS K 6801以降に規定されていたユリア樹脂やフェノール樹脂などのホルムアルデヒド系樹脂木材用接着剤に関する規格があり、それらの接着剤の品質性能の基準が存在した。しかし現在は廃止され、それらに代わり「JIS K 6807 ホルムアルデヒド系樹脂木材用液状接着剤の一般試験方法」に

まとめられている。この規格は、合板、集成材、単板積層材、パーティクルボード、および繊維板などに用いる接着剤の試験方法について規定する。

● 文　献

1) 吉田弥明："木材の接着・接着剤"、(社)日本木材加工技術協会編、産調出版、p. 90 (1996)
2) 同上、p. 91
3) 日本規格協会、JIS ハンドブック 29 接着、"接着剤の耐水性試験方法 JIS K 6857-1973"、p. 241-242 (2005)
4) 前掲 1)、p. 89-96
5) 小西　信："わかりやすい接着技術読本　被着材からみた接着技術　木質材料編"、日刊工業新聞社、p. 212-221 (2003)
6) 松本庸夫："クロスラップ法における接着力試験"、林業試験場研究報告、No. 232、p. 97-108 (1970)
7) 福井教子：近畿大学農学部農芸化学科卒業研究論文 (2004)
8) 奥村隆司：近畿大学農学部農芸化学科卒業研究論文 (2004)

第2節　接着耐久性

　耐久とは長く持ちこたえることを意味し、接着耐久性（bond durability）とは、接着層がどれほど長持ちするかを表す指標のことである。接着耐久性は時間経過にともなって接着層がその機能を徐々に失っていく劣化現象を特徴づけるもので、一般的には劣化に対して耐える程度をいう。
　古い合板の板壁がところどころ波のように膨れたり、屋外に放置されたパーティクルボードが厚く膨れた姿を見せることがあったためか、木質材料は「水に弱い、長持ちしない」と言われた時代があったが、最近では、木質材料は信頼度の高い材料として住宅や建築・構造物に多用されている。図4-2-1は、スギ集成材を構造用材として活用した木造車道橋を建設している様子である。材料力学や構造力学によって強度を保証できることは想像に難くない。それでは、雨風や温度変化などの気象条件に対して、どのように耐久性を担保しているのであろうか。本節では、木材接着と接着製品の耐久性について考えてみたい。

図4-2-1　スギ集成材を用いた木造車道橋
（宮崎県）

2.1　接着耐久性に関与する因子

　接着層を劣化させる原因は多様であり、複数の因子が相互に関係しているが、大別すると図4-2-2に示すように、水、熱、力、生物が主要な要因とされている。

（1）水　分

　木材接着製品の耐久性に最も影響を及ぼす因子は水分であり、水分の影響は水と湿気、すなわち液相水と気相水に分けて考える必要がある。気相水の影響は湿度の影響とほぼ同義である。一般に、乾燥状態では接着層の劣化はほとんど生じない。また、湿度の影響は長期にわたることが特徴であり、さらに、一

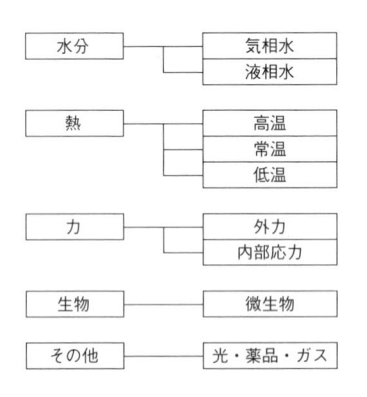

図4-2-2 接着耐久性に影響を及ぼす主な因子

定湿度条件におかれた場合と、湿度変化を伴う場合では耐久性に違いが現れる。

液相水は一般に、雨水がかかったり突発的な吸水が生じるなど短期的な接触や浸漬に対して配慮されるものであるが、他方、長期にわたる液相水への接触を想定して耐久性を配慮する場合もある。

高湿状態や水中に浸漬された場合、接着層に劣化が生じ耐久性に影響を及ぼすことが知られているが、これは木材の膨潤が接着層に応力を負荷させることや接着層が加水分解(hydrolysis)等により劣化することに起因している。Dinwoodie[1]は前者を機械的劣化、後者を化学的劣化と呼び、劣化現象を力学的な視点と化学的な視点とに分けて分析することを提唱した。一日のうちでの昼と夜の湿度変化、雨天と晴天日の間での湿度変化、あるいは梅雨季と冬の乾燥季との湿度の変動など、使用が長期にわたれば内部に発生する応力は接着層に繰り返し負荷されることになる。また、高温状態がこれに複合される場合は、接着剤の熱安定特性や粘弾性的特性の差違により、耐久性に及ぼす水分の影響は大きく異なることが知られている。

(2) 熱

高温にさらされた場合、ほとんどの接着層は熱劣化(thermal deterioration)を生じる。接着剤の軟化・熱変形や熱分解などが生じるため接着力は低下する。しかし、接着力低下の程度は接着剤の種類により異なっている(図4-2-3)。また、継続的に高温にさらされた場合よりも、高温と低温が繰り返された方が大きく劣化することが知られている。これは、温度変化による変形の繰り返し履歴が接着層を劣化させるためである。常温では、接着層が熱の影響で劣化することは少なく、低温においては、水分を含んだ凍結状態が接着層に影響を及ぼす可能性はあるが、温度の影響は大きくない。

耐久性を検討するための促進劣化試験では、凍結、常温水浸漬、温水処理、蒸煮処理、煮沸処理、熱風乾燥など水の存在下で処理が行われ、熱は水分と組

合わせて評価することが多い。このことは、温度の影響は水分を伴うことで顕在化することを意味している。

(3) 応　力

接着層に作用する外力としては、引張応力、圧縮応力やせん断応力が考えられ、接着層内部に亀裂などの欠点を有するときには、部分的な破壊を伴った接着層の劣化は複雑な形態をとる。一般に接着層に作用する外力は静的な荷重が長期間にわたって負荷されることが多く、この場合には主として接着層のクリープに対する耐久性が問題となる。また、荷重が急激に負荷される衝撃や、荷重が繰り返し負荷される疲労などの動的な荷重に対する耐久性も課題とされる。これらは、木質材料や家具などの製品に外部から作用する力に起因する応力が劣化要因となるものである。

木材の接着においては、周囲の湿度変化などにより生じる気相水の吸脱着や、液相水の吸収乾燥に伴って発生する内部応力が問題となる。木材が膨張や収縮をすることにより接着層に大きな力が負荷されることになる。膨張や収縮の繰り返しにより接着層の劣化は進むものと考えられている。

(4) その他の要因

腐朽菌、細菌類、昆虫などによる生物劣化は木材製品の耐久性能を考えるときには無視しえない要因である。特に、腐朽菌による劣化は耐久性(耐朽性)を大きく低下させる要因であるが、これは、接着剤そのものよりも被着体である木材の課題である。この他には、紫外線などの光線の照射により接着層の劣化は進行する。また、放射線の照射、特殊ガス、化学薬品類との接触なども劣化要因となる。

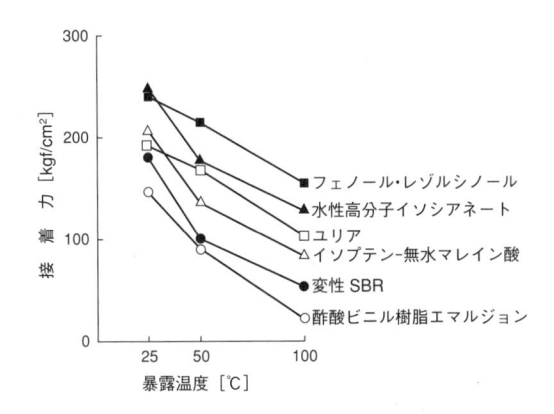

図 4-2-3　各種接着剤の接着力と暴露温度との関係 [2]
（各温度条件に 48 時間連続暴露）

2.2 耐久性の予測

耐久性の評価は製品や部材の耐用年数の予知を目的としている。接着製品が実際に使用される環境下で、どの程度の期間要求強度を保ちうるか、または、環境条件が提示された時、性能がどのように変化するかを予測することが耐久性能評価の究極的な目標である。そのための手法として、使用実績の評価、促進劣化試験、屋外暴露試験などが行われ、速度論的なアプローチや劣化現象のモデル化が試みられている。

(1) 使用実績

使用実績とは、実際に使用に供されたものの強度試験を行う方法である。例えば、5年間、10年間、15年間にわたって使用した製品の試験結果をもとに耐久性評価の基準を作る方法である。使用環境と部位などの具体的な内容が明らかであるため理想的な方法ではあるが、長期間使用した製品は初期値が分からない場合が多い。また、この方法は新しく開発される製品には適用できないことや、長期間を要するため実施が困難であるなどの問題点がある。

(2) 促進劣化試験

耐久性の評価を実験室で短時間に行うことを目的として、促進劣化試験(accelerated aging test)が行われている。これは、実際の使用環境よりも厳しい条件で試験体を処理して接着性能の低下を調べる方法であり、老化試験とも呼ばれる。耐久性に影響を及ぼす因子として、水、熱とその組み合わせの影響が大きいことから、水中浸漬、温水浸漬、煮沸、蒸気処理、乾燥、凍結処理などが採用されている。これらの諸条件を組み合わせて、あるいはそれを繰り返すことで処理後の接着力を評価する。たとえば、JASに規定される合板の接着耐久性試験では、72時間連続煮沸処理や煮沸繰り返し処理が設けられ、処理後に接着力が評価される。米国のASTM規格では木質ボードの促進劣化処理として、温水浸漬、高温蒸気、凍結、熱風乾燥、高温蒸気、熱風乾燥の一連の処理を6回繰り返す方法が規定されている(図4-2-4)。また、カーボンアーク灯のような人工太陽光を照射することで劣化を促進させ、時間との関係を評価する方法がある。

処理法が共通の試験規格として広く採用されるためには簡便であることが求められる一方で、処理条件と実用環境との対応関係が問われることになる。す

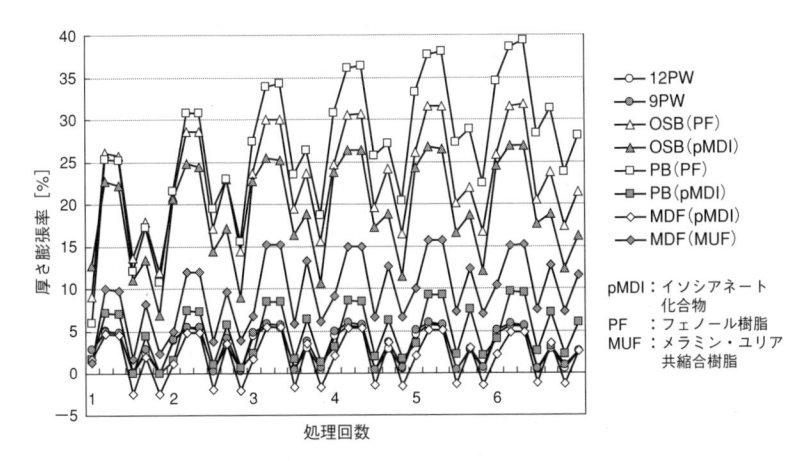

図 4-2-4 促進劣化処理によるボードの厚さ変化（ASTM D 1037）

なわち、促進処理によって接着層に生じる劣化と、使用環境下で接着層が劣化していくメカニズムと同じであるかということである。また、処理時間や処理回数と製品の耐用年数との対応関係を考える必要がある。

(3) 劣化現象のモデル化

製品や部材の耐用年数の予知を目的として、促進劣化処理の回数や時間と処理後の強度の関係は次に示すモデル式を用いて統計的な処理がなされる。

$$F(t) = 1 - kt \tag{4-2-1}$$

$$F(t) = 1 - k \log t \tag{4-2-2}$$

$$\log F(t) = -kt \tag{4-2-3}$$

ここで、t は処理繰り返し数あるいは処理時間、$F(t)$ は初期強度に対する処理後の接着力の比で、$t = 0$ のとき 1 となる。k は劣化速度を示す係数である。いずれのモデルにおいても、t が大きくなると接着力は零（ゼロ）に近づくことになる。一方、木材製品の実際の使用環境では接着強度は一定の強度を保ちうるとの仮定から次式が提案された[3]。

$$F(t) = a + (1-a)\exp(-t/k) \tag{4-2-4}$$

ここで、a は強度の下限値であり、k は劣化速度を示す係数である。いずれの

場合も、劣化のモデル式を用いることで強度低下の予測を試みている。

(4) 速度論的なアプローチ

接着層の劣化が接着剤および接着界面の化学変化によるものとの考えから、劣化メカニズムの解釈と耐用年数予知を反応速度論的に取り扱うことが可能である。古くは、Gillespie[4]が合板について耐用年数の予知を試みた事例があり、その後も同様の検討が行われている。手法は以下の通りである。異なる温度条件で温水処理または処理・乾燥の繰り返しを連続して行い、接着力の低下と処理時間の関係を求める(図4-2-5)。直線の勾配を速度定数として用いる、あるいは、接着力が半分になるまでの時間(半減期：half-life)を劣化を評価する指標として用いることができる。速度定数あるいは半減期の対数を絶対温度の逆数に対して描くことでアレニウス(Arrhenius)プロットを得ることができる(図4-2-6)。この勾配から見かけの活性化エネルギーを求め、強度低下のメカニズムを推論することができる。また、この関係式を環境温度まで外挿して、その温度における半減期あるいは劣化速度を求めることで耐用年数の予測が可能となる。

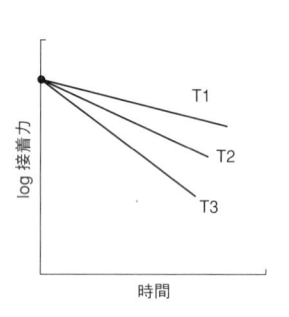

図4-2-5　接着力の低下

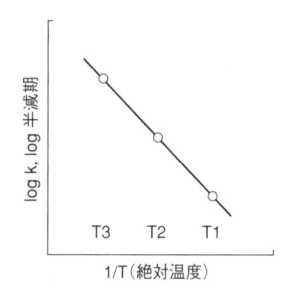

図4-2-6　アレニウスプロット

(5) 耐久性に優れる接着剤との比較

新たな接着剤や接着製品の耐久性を検討するとき、優れた性能を有するフェノールやレゾルシノール樹脂接着剤の性能との比較を行うことで評価を定める方法が用いられる。煮沸や乾燥などの促進劣化試験を行い、その結果を数十年の使用実績がある接着剤と比較する手法である。

促進劣化処理の条件として多用される60℃～70℃の温水浸漬処理は、一般にユリア樹脂とメラミン樹脂接着剤の識別を目的として採用された。煮沸処理はメラミン樹脂に対してフェノールやレゾルシノール樹脂接着剤の優位性を担

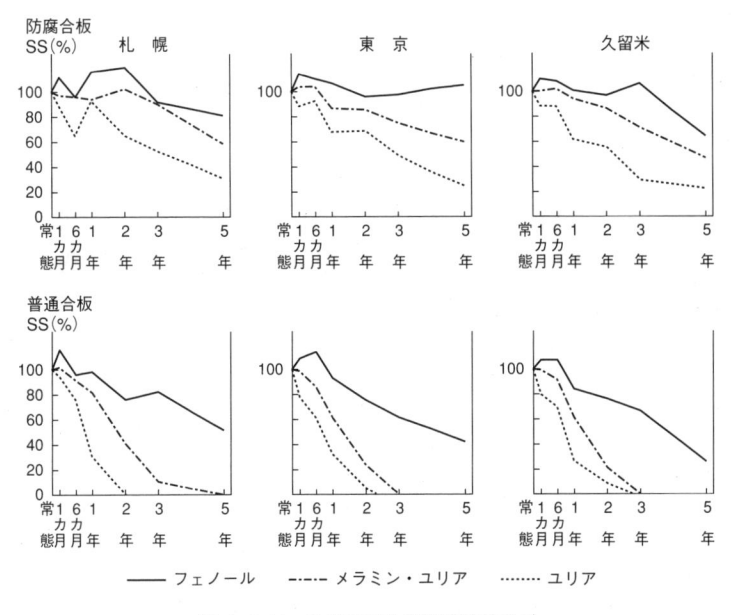

図 4-2-7 合板の屋外暴露試験結果 [6]

保するために用いられてきた。また、メラミン・ユリア共縮合樹脂の耐水性はユリア樹脂よりも高く、フェノール・メラミン樹脂で作られた合板が優れた耐水性を示すことが知られている。このように、アミノ樹脂およびフェノール系樹脂の接着耐久性に関する実績を指標とした耐久性能の評価体系があり、その性能と対比することにより新たな接着剤や接着製品の評価が一般的に行われている。

2.3 屋外暴露試験

接着耐久性を評価する重要な手法として屋外暴露試験(outdoor exposure test)が挙げられる。接着製品の試験体を直接屋外に設置し、自然の気候条件の下で、時間経過にともなう強度の低下や寸法変化などを長期間にわたって調査する実験的な手法である[5]。屋外に放置するため通常の使用環境よりも厳しい試験であり、促進劣化試験の一種と見なすことができる。合板の屋外暴露試験結果を図4-2-7に示す[6]。広い地域で同時に行われることが多く、規模の大きな試験と

なることから頻繁に行うことは難しい。

(1) 屋外暴露試験の問題点

屋外暴露試験が重要な試験であることは論を待たないが、さまざまな問題点が指摘されている。とりまとめると以下のようになる。

第一に、長期間を要することである。長期間を要することは継続が困難であることと同時に、長期にわたって試験をしている間に接着製品が時代のニーズに合わなくなる恐れも含んでいる。次に、北海道と九州では結果が異なるように（図4-2-7）、試験結果に地域差が生じることになる。さらに、同じ場所であっても、降雨量や平均気温などが年によって異なることも事実であり、試験体固有のばらつきが見られることも課題とされている。また、屋内で使用される接着製品の劣化と屋外暴露による劣化メカニズムの同等性にも疑問がある。さらに、促進劣化処理との対応が明確でないことへの懸念が残されている。

(2) 自然環境による劣化試験として

上記のように、屋外暴露試験は科学的な研究手法としては多くの弱点を持った方法であることが分かる。しかしながら、促進劣化処理では接着強度の低下が処理の回数や処理の強弱で表されるのに対して、屋外暴露試験では自然環境下における劣化の経年変化を評価することから、接着製品の耐用年数を推定するための基礎資料として、耐久性の検討には不可欠と考えられている。海外だけでなく、わが国でも木質パネルの屋外暴露を気象条件の異なる国内4地域で1992年より実施した事例[5]（図4-2-8）や、2004年より国内8地域で実施した事例[7]がある。また、LVLの試験が行われるなど[8]、構造用途を志向する木質材料にとっては、耐久性能を判断する際に「基準となる物指し」として屋外暴露試験が用いられている。

(3) 耐久性評価の標準

屋外暴露試験は長期間を要し、規模も大きくなるため耐久性評価試験として多用することは不可能である。そのため、短期間に室内で実施できる促進劣化試験が開発された。このとき、促進劣化試験は屋外暴露試験結果との対応関係が要求される。屋外暴露による強度低下と、促進劣化による強度低下の間に相関が認められれば、短時間で結果の出る促進処理試験から屋外暴露時間への換算が可能となり、耐用年数の推定が可能となる。

また、北米や欧州で試験規格として定められた木質パネルの促進劣化処理法は、屋外暴露試験の結果と対比させることでその正当性を主張している。促進処理法は屋外暴露との対応を評価してはじめて、試験方法として認知されることになる。したがって、屋外暴露試験は耐用年数を予測する手段として用いられるだけ

図4-2-8 木質パネルの屋外暴露試験（静岡）

でなく、促進劣化処理法が規格として採用される際に根拠を与える基準として用いられ、耐久性評価の最終判断の拠り所とされている。

2.4 耐久性評価の変化

接着耐久性の評価はこれまで、接着剤の改良や製造因子の影響に関心が向けられてきた。すなわち、「どのように作ったら長持ちするのか」という製造者側の論理で耐久性が検討されてきた。最近では「何年持つのか」という使用者側の問いに応えることが求められている。例えば、2000年に施行された「住宅の品質確保の促進等に関する法律」では木造住宅に使用される部材に75年～90年間の保証が求められるなど、耐用年数を具体的な数値で示すことが求められている。

また、資源・環境問題への関心が高まる中、木質材料や木材接着製品の耐久性能の評価は、「長持ちさせるための技術」にとどまらず、木材中に固定された炭素をどれだけ長く貯蔵できるのかを評価する手法となる。例えば、世界で年間約2億5千万m^3が生産される木質パネルは炭素約8千万トンを固定しており、これに平均寿命をかけて蓄積量を評価することができる。京都議定書以降の論議では、伐採木材製品（harvested wood products）の長期使用やリサイクルの拡大が炭素蓄積量の増加に効果的であると考えられている。大気中の二酸化炭素削減に対する木材利用による炭素貯蔵効果を論ずるとき、接着耐久性の評価技術が必要となる。

● 文　献

1) Dinwoodie, J. M.：*Holzforschung*, **31**(2), 50-55 (1977)
2) 山田希仁ほか3名：鳥取大農演林報、No. 16、149-158 (1986)
3) Suzuki, S., Saito, F.：*Mokuzai Gakkaishi*, **34**(7), 590-596 (1988)
4) Gillespie, R. H.：*Forest Products Journal*, **18**(8), 35 (1968)
5) 関野　登：木材工業、**58**、298-304 (2003)
6) 日本接着協会、接着耐久性研究委員会昭和49年度報告 (1975)
7) 高麗秀昭、関野　登：木材工業、**60**(5)、229-232 (2005)
8) Hayashi, T., et al.：*Journal of Wood Science*, **51**(10), 486-491 (2005)

第5章　木材接着の実用

第1節　木質材料の種類と特性

　木質材料は、木材などのリグノセルロースを細断・加工して細分化したものに接着剤を塗布して圧縮成形した材料の総称である。細分化したものを一般に「エレメント」と呼び、ラミナ、単板(veneer)、パーティクル、ファイバーなどの種類がある。このそれぞれのエレメントから、集成材、合板または単板積層材、パーティクルボード、ファイバーボードなどが製造される。言い換えると、エレメントの集合体が木質材料であり、そのエレメント同士を接合する役目をするのが接着剤である。したがって、同じエレメントで製造した材料でも、耐水性の高い接着剤を使用すれば耐水性に優れた材料となり、逆に耐水性の低い接着剤を使用すれば耐水性の低い材料となってしまう。すなわち、使用する接着剤の性質が材料の性質に大きな影響を及ぼすため、木質材料にとって接着剤は重要な役割を担っていると言える。

1.1　木質材料の種類
　木質材料ではエレメントを接着成形するため、小径材や工場廃材、建築解体材などを原料に利用することができる。最近では森林資源の減少にともなって、バガスやケナフといった草本系植物を原料とすることもある。木質材料の利点は、木材特有の節や腐れなどの欠点が分散あるいは除去されるので、バラツキの少ない、均一な材質であることが上げられる。また、工業生産が可能であり、小さなエレメントから大きな材料を造ることも特徴の一つである。さらには、物理的・化学的処理によって木材本来にはない性質を与えることもできる。

表 5-1-1　木質原料の大きさと配列状態による木質材料の分類[1]

構成要素 (エレメント)	木質材料			窯業系木質材料
	一軸配向	二軸配向	ランダム	
ひき板	集成材			
単板	LVL	合板		
スティック	(スティックランバー) パララム	(スティックプライ)		
ウエファー ストランド	OSL	OSB	ウエファーボード	
			ストランドボード	
フレーク		(配向性 パーティクル ボード)	フレークボード	石膏フレーク ボード
パーティクル			パーティクル ボード	木片セメント ボード
ファイバー		(配向性MDF)	IB MDF HB	石膏ファイバー ボード

材料の名称　LVL：単板積層材、OSL：配向性ストランドランバー、OSB：配向性ストランドボード、スティックランバー：スティックを縦横に継ぎ合わせたすだれ状の単板を積層した骨組材料、スティックプライ：スティックを縦横に継ぎ合わせたすだれ状の単板を合板と同様に互いに直交させて積層した板材料、配向性パーティクルボードおよび配向性MDF：それぞれパーティクルおよびファイバーを直交配向させた板材料、MDF：中密度ファイバーボード、IB：インシュレーションファイバーボード、HB：ハードファイバーボード

構成要素の寸法　ひき板：厚さ20 mm程度の板材、単板：厚さ3 mm程度の薄板、スティック：幅10〜20 mmの短冊状単板、ウエファー：概略、厚さ0.6 mm×幅50 mm×長さ50〜70 mmの削片、ストランド：概略、厚さ0.6 mm×幅20 mm×長さ50〜300 mmの削片、フレーク：概略、厚さ0.6 mm×幅10 mm×長さ10〜30 mmの削片、パーティクル：フレークよりも小さい削片の総称、ファイバー：木材繊維束

現在、工業的に生産されている代表的な木質材料には、次のような種類がある。

　集成材(GL；glued laminated wood)：　挽き板(ラミナ)を木材繊維方向が平行となるように並べて積層接着した軸材料。

　合　板(PW；plywood)：　木材を薄く剥いだ単板に接着剤(adhesive)を塗布し、木材繊維方向が直交するように奇数枚積み重ねて貼り合わせた面材料。

　単板積層材(LVL；laminated venner lumber)：　単板に接着剤を塗布し、木材繊維方向が平行となるように並べて積層接着した軸材料。

パーティクルボード(PB): 木材小片(パーティクル)に接着剤を塗布して熱圧成形した面材料。

OSB(oriented strand board): 薄い長方形状の小片(ストランド)に接着剤を塗布し、表層と芯層での木材繊維方向を直交配向させた面材料。

ファイバーボード(FB): 木材チップを蒸煮・解繊して得た木材繊維(ファイバー)に接着剤を塗布して熱圧成形した面材料。

このように、エレメントの大きさや形状、木材繊維の配列の仕方によって様々な木質材料がある。これをまとめたものが**表 5-1-1**[1]である。エレメントの木材繊維を一方向に配列した材料には集成材やLVLなどがあり、柱梁などの軸材料として用いられている。木材繊維を直交配列した材料には合板やOSBなどがあり、ランダムに配列した材料にはパーティクルボードやファイバーボードなどがある。これらは、主に壁床などの面材料として用いられている。

1.2 木質材料の性質
(1) 木質材料の力学的性質

各材料はそれぞれ特徴的な性質をもち、適した用途に使用されている。集成材、合板、単板積層材は日本農林規格(JAS)、パーティクルボード、ファイバーボードは日本工業規格(JIS)にそれぞれ規格化され、要求性能などが記載されている。**図 5-1-1**[1]は、各種木質材料のエレメントの繊維配向方向での曲げ強度と密度の関係を示している。全体的に材料密度が大きくなると曲げ強度も大きくなることが分かる。また、エレメントの形状が大きくなると強度も大きくなる傾向がある。同じ密度で比べた場合、集成材やLVL、合板といった繊維配向性材料が、パーティクルボードやファイバーボードなどの繊維非配向材料よりも数倍大きい。繊維配向性材料の中では、一般に集成材やLVLなどの一軸配向軸材料の方が、合板やOSBなどの二軸配向面材料よりも高い強度を示す。このような傾向は、曲げヤング率でも認められている。すなわち、木質材料の力学的性質は、繊維配向度と密度に支配される。

(2) 木質材料の寸法安定性

木質材料のなかで、パーティクルボードやファイバーボードなどの面材料は水分に対する寸法変化が重要な性能の一つとなる。**図 5-1-2**[3]は各種木質面材

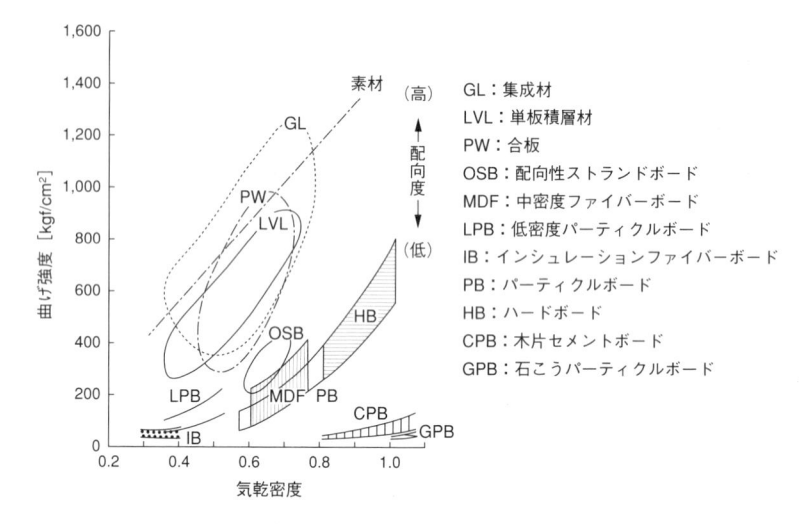

図 5-1-1　木質材料の繊維の配向方向曲げ強度と密度の関係 [1]

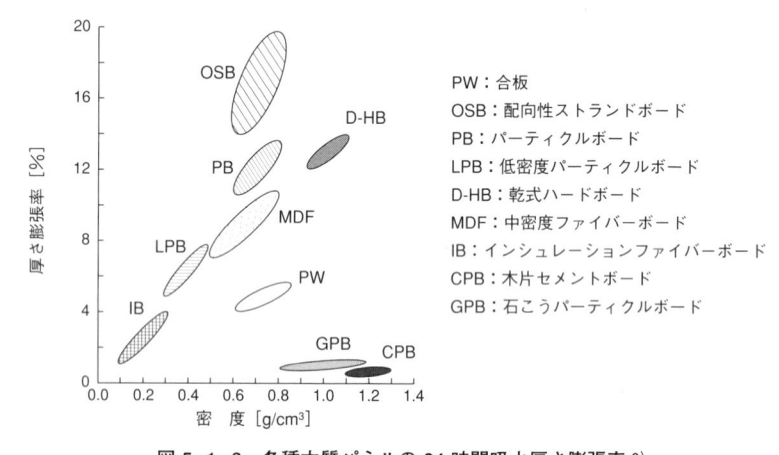

図 5-1-2　各種木質パネルの 24 時間吸水厚さ膨張率 [3]

料の 24 時間吸水試験による厚さ膨潤率を示している。繊維配向方向がランダムなパーティクルボードやファイバーボードは密度とともに値が大きくなり、ほぼ直線に並ぶことが分かる。すなわち、これらの材料はボード密度が大きくなると、水に浸せきしたときの膨らみが大きくなる。OSB は軽軟原料（アスペン）を使うことが多く高圧締を必要とし、接着剤の添加量が低いために値が大きく

なっている。合板は、単板の積層構造のために低い圧縮率でも密着性が十分得られるので低い膨張率となっている。一般に木質ボードの厚さ膨張率は2つの因子に大きく影響される。一つは、ボード製造時の圧縮率(ボード密度/原料密度や、圧縮前の厚さ/圧縮後の厚さ)である。もう一つは接着剤の種類と塗布量である。例えば、耐水性の低い接着剤の場合、接着剤の膨潤や界面強度の低下、さらには接着剤の加水分解のためエレメント同士の結びつきを緩めてしまう。また、塗布量が少ない場合はたとえ高耐水性接着剤であっても接着部位が少ないためにエレメント同士の十分な拘束ができないために寸法安定性が悪くなる。

1.3 木質材料の作り方

現在の木質材料はすでに装置産業として確立しており、工業製品として最適な条件で製造されている。工業的な製造方法については後述するが、ここでは実験室で合板やパーティクルボードを作成するための基本的な方法について紹介する。なお、ここでの手法はあくまで一例である。

(1) 3プライ合板(30 cm×30 cm)の作成

①単板の準備

含水率(moisture content)をチェックし、適正含水率(10%前後またはそれ以下)に調整する。単板の厚さを確認するとともに、節や欠点など状態が悪いものは除外する。単板の裏割れ面を確認し、表・芯・裏用単板に分類しておく。この際、できあがりを想定して単板を3枚一組に組み合わせておくと便利である。

②接着剤の塗布

接着剤の調整はメーカーの仕様書に従う。塗布量もメーカーの仕様書に準拠する。

例えば、一接着層当たりの接着剤塗布量が $160\ g/m^2$ の場合、30×30 cmでは、14.4 g となる。3プライ合板では2接着層あるので、28.8 g の接着剤が必要となる。なお、実際にはやや多めの接着剤を準備しておく。接着剤の塗布にはゴムローラーや刷毛を用いる。その際、あらかじめこれらに接着剤を付けて馴染ませておく。芯板の表と裏に接着剤を塗布する。単板の塗布面を上にして秤の上にのせ、接着剤を垂らした後、14.4 g になるように均一に塗り延ばす。表もしくは裏用単板を被せ、ひっくり返して裏面側も同様の塗布を行う(接着面

を全て塗布する「両面塗布」を行う場合には、接着面となる各単板表面(4面)に7.2 g ずつ塗布して均一に塗り延ばす)。

　③圧　締(pressing)

　積み重ねた3枚の単板を、メーカーの仕様書に従い圧縮する。通常はコールドプレス(cold press)後にホットプレス(hot press)を行い、圧縮圧力は1 MPa 程度である。熱圧温度は接着剤によって異なるが、110〜160 ℃の場合が多い。圧縮時間は接着剤の種類、単板の厚みによって異なる。ホットプレスのゲージ圧と合板に掛かる圧縮圧との関係は次式により計算する。

$$P = P_0 \times \frac{S_0}{S}$$

　ここで、P_0 は合板に掛かる圧縮圧力[kgf/cm^2 または MPa]、P はプレスのゲージ圧力[kgf/cm^2 または MPa]、S_0 は合板の面積[cm^2]、S はプレスのラム面積[cm^2]である。

　④養　生(aging)

　プレスから取り出した合板は冷めるまで縦置きする。その後、各試験に供するまで十分な時間(およそ1週間〜10日)、室内(できれば 20 ℃ RH 60 % 程度の恒温恒湿室)に静置する。

(2) 単層パーティクルボードの作成

　30 cm×30 cm×厚さ1 cm のパーティクルボードの作成手順を以下に示す。

　①チップの準備

　メーカーから購入する場合はコアー用チップが良い。また、最近ではリサイクル材のチップが多い。チップは適宜ふるいにかけて大きさを揃えておく。含水率をチェックし、適正含水率に調整する。1枚のボードを作成する際に用いるチップの重量(X)は次式で算出される。

$$X = 目標密度(全乾) \times ボード体積 \times \frac{100 + チップ含水率[\%]}{100 + 含脂率[\%]}$$

　ここで、含脂率 =(接着剤の固形分重量/チップの全乾重量)×100 である。なお、ボード製造中には様々な要因からチップの損失があるので計算値よりもやや多めに準備する。

②接着剤の塗布

接着剤の塗布は目標とする含脂率を決めて計算する。目安は数%～10%程度である。

接着剤塗布量は次式によって表される。

$$接着剤添加量[g] = \frac{チップ重量[g] \times 含脂率[\%] \times 100}{(100 + チップ含水率[\%]) \times 接着剤樹脂率[\%]}$$

実際の計量では塗布による損失を考慮し、若干多めに準備する。

接着剤をスプレーガンに入れ、噴霧の準備をする。この際、少量の接着剤でガンの動作確認とゼロ補正を行う(スプレーガンがない場合は、霧吹きを代用しても良い)。チップをブレンダーに投入後、ブレンダーを回転させて落下するチップに向けて均一に噴霧する(ブレンダーがない場合は、大きめのゴミ袋にチップを入れ、空気を入れて膨らませた状態で接着剤を噴霧する。噴霧中はゴミ袋を揺さぶり接着剤がチップに均一に塗布されるようにする)。

③フォーミング

テフロンシートを敷いたコール板の上に30×30 cmのフォーミングボックス(底のない箱)を置き、接着剤を塗布したチップを散布する。このとき、チップが均一かつ水平に積み重なるように手で少量ずつ散布する。散布後、落とし蓋を押しつけながらフォーミングボックスを引き上げるとコール板上にフォーミングマットが出来上がる。

④熱圧縮

フォーミングマットにテフロンシートを被せ、ホットプレスに挿入し、熱圧縮する。目標のボード厚さとなるようにマットの両側に厚さ1 cmのディスタンスバーを置く。熱板温度、圧縮時間、圧縮スケジュールは、接着剤の種類、ボードの密度、厚さなどを考慮して決定する。

⑤養　生

プレスから取り出したボードは冷めるまで縦置きする。その後、各試験に供するまで十分な時間(およそ1週間～10日)、室内(できれば20 ℃ RH 60 %程度の恒温恒湿室)に静置する。

● **文　献**

1) 今村祐嗣、川井秀一、則元　京、平井卓郎編著："建築に役立つ木材・木質材料学"、東洋書店、p. 38 (1999)
2) 同上、p. 45
3) 同上、p. 47

第2節　合板、LVL

2.1　合板・LVL とは
(1) 合　板
　合板とは、原木を大根のかつら剥きのように薄く剥いた板、すなわち単板を乾燥させ、それに接着剤を塗布し、単板の繊維方向を1枚ずつ直行させて奇数枚積み重ねて貼り合わせたものいう。厚さは2mm以上30mm位までのものが一般的である。板の幅と長さは目的によって種々であるが、標準品として910×1820mm(3×6尺＝サブロク)や1220×2430mm(4×8尺＝ヨンパチ)がある。

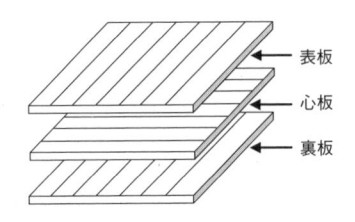

図 5-2-1　合板の構成

(2) LVL(単板積層材)
　LVLとは、合板と同様に単板を乾燥させ、それに接着剤を塗布し、単板の繊維方向を平行に揃え積み重ね貼り合わせたものをいう。板の厚さ・幅・長さは目的によって種々であるが、一般的に造作用としては厚さ9～50mm、幅30～1200mm、長さ1800～4500mmである。また、構造用としては、厚さ25mm以上、幅50～1200mm、長さ1800mm以上となる。LVLは使用する単板を繊維方向につなぎながら積層接着していくので、エンドレスに長いものも製造できる。

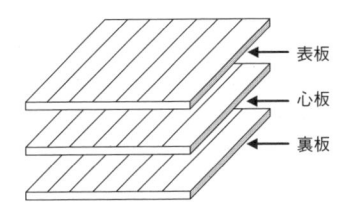

図 5-2-2　LVL の構成

2.2　樹　種
　使用される主な樹種を以下に記す。近年は環境問題から持続可能な資源として知られる植林木を多く用いる傾向にあり、中でも国産材のスギを多く用いる傾向にある。

(1) 広葉樹
　　国産材　……　シナ・カバ・セン・ブナ・ナラ等

外　材　……　ラワン類・PNG(パプアニューギニア)材・アフリカ材・
　　　　　　　　　　ポプラ等
　(2) 針葉樹
　　　国産材　……　スギ・カラマツ・トドマツ・アカマツ・エゾマツ・ヒバ等
　　　外　材　……　北米材(ベイマツ・ベイツガ・スプルース・サザンパイン等)
　　　　　　　　　　北洋材(カラマツ・エゾマツ・オウシュウアカマツ等)
　　　　　　　　　　その他(ラジアータパイン)

2.3　接着剤

　合板・LVL に使用される接着剤は、組成分からホルムアルデヒド系接着剤と非ホルムアルデヒド系接着剤の2種類に大別される。現在は価格や生産性等の有利性からホルムアルデヒド系接着剤が多く使用されている。

(1) ホルムアルデヒド系接着剤

　ホルムアルデヒド系接着剤は、ホルムアルデヒドの水溶液(通称ホルマリン)と他の化学物質(フェノール、レゾルシノール、メラミン、ユリア(尿素)等)との化学反応により合成され、組み合わせる物質により下記の名称で呼ばれる。

　　　　ホルムアルデヒド＋フェノール　　　→　　フェノール樹脂
　　　　　　　　　　　　　　＋メラミン　　　　→　　メラミン樹脂
　　　　　　　　　　　　　　＋ユリア(尿素)　→　　ユリア(尿素)樹脂等

(2) 非ホルムアルデヒド系接着剤

　水性高分子-イソシアネート系、α-オレフィン無水マレイン酸系、変性酢酸樹脂エマルジョン系、その他非ホルムアルデヒド系樹脂接着剤があり、ホルムアルデヒド放散がわずかでもあってはならない用途のものに使用される。

2.4　接着性能

　合板・LVLの接着性能は日本農林規格(JAS)により**表5-2-1・2**のように分類されている。

表 5-2-1 合板の接着性能分類

類別	主な対象品	主な接着剤
特類	構造用合板・足場板・船艇用合板等	フェノール樹脂
1類	コンクリート型枠用合板・住宅下地用合板等	メラミン・ユリア共縮合樹脂
2類	船舶・車両等の内装用合板・家具用合板等	ユリア樹脂

表 5-2-2 LVL の接着性能分類

分類	主な対象品	主な接着剤
構造用 使用環境 A	橋梁・ガードレール等	フェノール樹脂 レゾルシノール樹脂
構造用 使用環境 B	土台・柱・梁等	レゾルシノール・フェノール樹脂
構造用 使用環境 C	床根太・管柱等	フェノール樹脂、レゾルシノール樹脂 レゾルシノール・フェノール樹脂 水性高分子-イソシアネート系樹脂
造作用	家具・建材の基材等	メラミン・ユリア共縮合樹脂

表 5-2-3 ホルムアルデヒド放散量区分

表示の区分	平均値	最大値
F☆☆☆☆	0.3 mg/L 以下	0.4 mg/L 以下
F☆☆☆	0.5 mg/L 以下	0.7 mg/L 以下
F☆☆	1.5 mg/L 以下	2.1 mg/L 以下
F☆	5.0 mg/L 以下	7.0 mg/L 以下

2.5 ホルムアルデヒド放散量

近年問題となっているシックハウス症候群の原因物質の一つであるホルムアルデヒドを低減させる観点から 2003(平成 15)年 3 月にホルムアルデヒド放散量の JAS 規格が改訂された。分類は **表 5-2-3** の通りである。

2.6 製造方法

合板・LVL は、原木より単板を切削し乾燥後、接着剤を塗布、熱圧(冷圧)にて製造される。以下にホルムアルデヒド系接着剤を用いた合板の製造を主体として、単板の製造方法から糊液の作成・接着操作の概要及び注意点を記す。

図 5-2-3　原木　　　　　　　　　図 5-2-4　切削後の単板

(1) 単板の製造

①単板切削

ロータリーレースで原木を大根のかつら剥きのように切削し、単板を製造する。この時、単板厚みが不揃いになると、その後の接着工程で薄い部分において接着剤の未塗布や未圧締が起こり、接着性の低下に繋がる為、十分な厚み管理が必要となる。

　　適性範囲：1.5±0.05 mm、3.0±0.1 mm（例）
　　測定方法：ノギス、ダイヤルゲージ等

②単板乾燥

単板にドライヤーで130〜190℃の熱風をあてたり、100〜200℃のホットプレスで挟んで乾燥させる。この時、乾燥が不十分で含水率が高くなると接着性能の低下やホルムアルデヒド放散量の増大に繋がり、限度を超すとパンク（熱圧後の膨れ）が起きる。また、冷圧後の仮接着性も低下する為、十分な含水管理が必要となる。

　　適性範囲：6％以下　フェノール樹脂の場合
　　　　　　　8％以下　メラミン・ユリア共縮合樹脂の場合
　　測定方法：電気抵抗式水分計、高周波式水分計等

③単板温度管理

乾燥後、送風等で冷却する。この時、冷却が不十分で単板温度が高いままのものを使用すると、乾燥接着が起きる可能性が高くなるため、十分な温度管理が必要となる。

図 5-2-5　ドライヤー外観　　　　図 5-2-6　乾燥後の単板

表 5-2-4　配合原料の内容

配合原料	内　容
増量剤	接着剤の木材への過浸透防止や接着剤コストの低減をする。
水	接着剤洗浄廃液の再利用や接着剤コストの低減をする。
硬化剤	接着剤を硬化させる。
硬化促進剤	接着剤の硬化を速める。

　　適性範囲：40 ℃ 以下
　　測定方法：接触型・非接触型温度計等

(2) 糊液配合

　合板・LVL の製造に主として用いられるホルムアルデヒド系接着剤は、使用するための配合として、増量剤や硬化剤・硬化促進剤・水等を配合し、増量倍率 1.2〜1.5 倍となるように調整した糊液を作成する(表 5-2-4)。

①糊液作成

　計量槽・秤を用い接着剤や増量剤・硬化剤等を計量し、原料の塊が残らないようグルーミキサーで 10〜15 分程度攪拌する。

②糊液粘度調整

　木材への過浸透防止や使い易さ、可使時間等を勘案し、増量剤や水により調整する。

　　適性範囲　：18〜22 dPa・s　フェノール樹脂の場合
　　　　　　　　20〜30 dPa・s　メラミン・ユリア共縮合樹脂の場合
　　測定方法　：ビスコテスター等

粘度補正例：糊液粘度が高い場合　接着剤/水 ＝ 2/1 の割合で追加
　　　　　　糊液粘度が低い場合　小麦粉（増量剤）を追加

③糊液可使時間

目安としては初期粘度の 2〜3 倍まで、かつ 70 dPa・s 以下とする。可使時間内で使い切る量を一回に製糊する最大量とする。

(3) 接着操作

①糊液塗布作業

スプレッダー（ロールコーター、図 5-2-7）を用い、糊液を単板の両面に塗布する。**表 5-2-5** に塗布量の設定例を示す。この時の数値は糊液を塗布された単板の表裏合計の数値である。なお、LVL 製造の際は、エクストルーダー（図 5-2-8）という塗布機を用いる場合もある。

スプレッダー（ロールコーター）とは、ロールで接着剤を被着材に塗布する機械をいい、エクストルーダーとは接着剤を被着材の面上にノズルから紐状に押し出して塗布する機械をいう。

②貼上時間

糊液塗布作業開始から冷圧工程に入るまでの時間をいう。貼上時間が長くなると単板に塗布された糊液が乾き、プレスで圧力をかけた時に糊液の転写が悪くなり接着性能が低下するので、適性時間内に貼上作業を終了させる。

適性時間：30 分以内

③冷圧工程

コールドプレス（図 5-2-10）を用い、糊液を塗布し貼り合わせた単板同士を密着・一体化させ仮接着性を発現させる工程をいう。

圧縮時間が長く圧力が高い程、仮接着性は向上する。仮接着性とは、単板同士が仮止めされた状態を維持できる能力の事をいう。

適性圧力：1.0 MPa 以上

適性時間：30 分以上

圧縮圧力はプレスの圧力ゲージにて調整する。計算式は以下の通り。

$$G = \frac{P \times J}{A} \qquad (5\text{-}2\text{-}1)$$

ここで、G は圧力ゲージに示される圧力 [MPa]、P は合板に必要な圧縮圧力

第2節　合板、LVL

表5-2-5　塗布量設定例

心板厚み	フェノール樹脂	メラミン・ユリア共縮合樹脂
2.2 mm	380 g/m^2	350 g/m^2
3.0 mm	425 g/m^2	390 g/m^2
4.1 mm	460 g/m^2	425 g/m^2

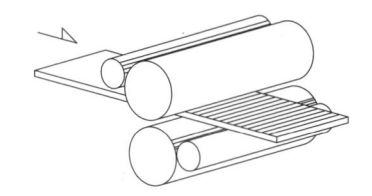

図5-2-7　スプレッダー簡易図
（ロールコーター）

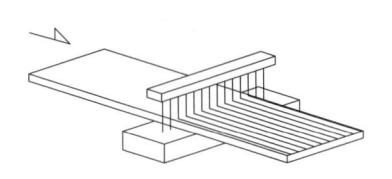

図5-2-8　エクストルーダー簡易図

図5-2-9　スプレッダー塗布状況

図5-2-10　コールドプレス

[MPa]、Jは合板の面積 [cm^2]、Aはプレスのラム面積の合計 [cm^2] である。

④開圧放置時間

冷圧工程を終了し、熱圧工程に入るまでの時間をいう。長すぎると接着剤が前硬化状態となり、接着性能が低下する。特に単板温度が高い時は注意を要する為、適性範囲内に熱圧工程を行う。

適性時間：120分以内

⑤熱圧工程

ホットプレス（図5-2-11、12）で熱をかけ、接着完了させる重要な工程をいう。熱圧条件である圧力・温度・時間は、合板厚みや接着剤毎にパンクや硬化

図 5-2-11　ホットプレス（合板挿入前）　　図 5-2-12　ホットプレス（合板挿入後）

不足が起きないよう設定する。圧力に関しては、一般的にパンク防止として1次圧と2次圧を設定する。温度に関しては、一般的に接着剤の硬化スピードが遅いものほど温度を上げる必要がある。時間に関しては一般的には15〜60秒/mmで製品厚が厚くなる程長くなる。

　LVLの場合は、ホットプレスの他、エンドレスに長いものを製造する為、ボード類を製造する際に用いる連続プレスにて製造する事もある。

　　適性圧力：1次圧　　0.8〜1.0 MPa
　　　　　　　2次圧　　0.3〜0.5 MPa
　　適性温度：フェノール樹脂の場合　　125〜145 ℃
　　　　　　　メラミン樹脂の場合　　　110〜130 ℃
　　　　　　　ユリア樹脂の場合　　　　100〜120 ℃

第 3 節　集成材

3.1　集成材とは

　集成材は日本農林規格（JAS）に定められ、「ひき板、小角材等をその繊維方向を互いにほぼ平行にして、厚さ、幅及び長さ方向に集成接着した一般材」と定義されている。

　もう少しイメージしやすく書くと、木材の板を繊維方向がほぼ平行になるように何枚か重ね、目的の大きさになるように接着剤を使用して貼り合わせたものを集成材としている。貼り合わせる個々の板は長さ方向、幅方向に接着剤で貼り合わせ使用する事ができる。釘やネジ等を使って固定したものは集成材と言えず、接着剤を用いて木材の板を貼り合わせたものである。

3.2　集成材の特徴

　集成材は板を貼り合わせて作るので、無垢材では困難な大きな断面、長さや湾曲したものなど自由な大きさ、形状が得られる。また、板状の比較的薄い木材を使用する為、乾燥を均一に行うことが可能であり、含水率のバラツキが少なく、含水率変化に伴う割れ、寸法変化、反り、ねじれ等が少なくなる。節などの欠点部分を取り除いて貼り合わせることが可能であり、製品の強度にバラツキが少なく安定した性能が得られる。表面に薄い化粧板を貼ることが出来、外観の優れた製品が作れる。構造部材として集成材を使用した場合、火災の際に木材は燃えるが、断面積が大きいと燃えるのに時間がかかる為、鉄の場合のような高温下での急激な強度低下が起こらない。

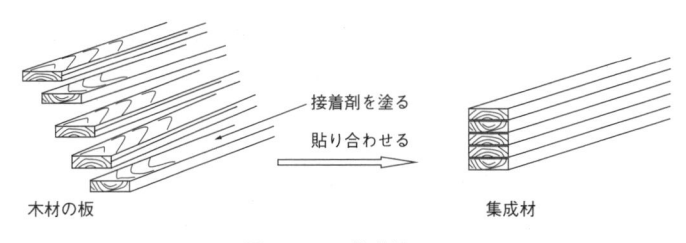

図 5-3-1　集成材

表 5-3-1　集成材の日本農林規格による集成材の区分[1]

区　分		内　　容
構造用集成材	使用環境 A	構造用集成材の含水率が長期間継続的に又は断続的に 19 % を超える環境、直接外気にさらされる環境、太陽熱等により長期間断続的に高温になる環境、構造物の火災時でも高度の接着性能を要求される環境その他構造物の耐力部材として、接着剤の耐久性、耐候性、耐熱性について高度な性能が要求される使用環境をいう。
	使用環境 B	構造用集成材の含水率が時々 19 % を超える環境、太陽熱等により時々高温になる環境、構造物の火災時でも高度の接着性能が要求される環境その他の構造物の耐力部材として、接着剤の耐久性、耐候性又は耐熱性について通常の性能が要求される使用環境をいう。
	使用環境 C	構造用集成材の含水率が時々 19 % を超える環境、太陽熱等により時々高温になる環境その他耐力部材として、接着剤の耐水性、耐候性又は耐熱性について通常の性能が要求される使用環境をいう。
造作用集成材		構造物の内部造作に用いられるもの。

3.3　集成材の種類

　集成材の日本農林規格では、「構造用集成材」と「造作用集成材」の2種類に分けられている。構造用集成材は建物の耐力部材として柱や梁などに使用され、造作用集成材は住宅の内装材や家具に主に使用されている。構造用集成材は使用される環境により使用環境 A、B、C に分けられている（表 5-3-1）。これらは、集成材として要求される性能が異なる為分けられたものである。特に構造用集成材は建物の構造部材に使用されるので、高度な性能が要求され使用する材料の強度や、最終製品の強度、接着性能が細かく分けられている。

3.4　集成材の製造工程

　図 5-3-2 に集成材製造の概略の工程図を示す。構造用集成材、造作用集成材等製造品目により異なる部分、不足部分もあり必ずしも一致しないが、製造の流れとして参考されたい。
　集成材の場合は単に木材の板を接着すれば良いというものではない。無垢の木材と異なり、性能が安定している事が特徴となる為、接着する前に使用する材料を選定する必要がある。含水率が均一に調整されていること、節や腐れな

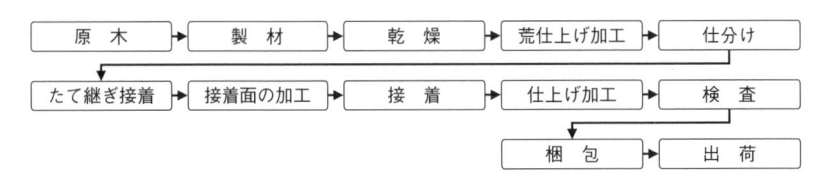

第 3 節　集成材

```
原木 → 製材 → 乾燥 → 荒仕上げ加工 → 仕分け
  ↓
たて継ぎ接着 → 接着面の加工 → 接着 → 仕上げ加工 → 検査
                                              ↓
                                            梱包 → 出荷
```

図 5-3-2　集成材の製造工程概略

どの欠点部分が除去されていること。更に、構造用の集成材では、使用する板の曲げ強さを確認し、貼り合わせた時の一番外側に強い材料が配置されるように仕組み、木裏・木表を考えて反りにくい構成にする等いろいろな要素に配慮し接着したものが集成材となる。

3.5　たて継ぎ接着（フィンガージョイント）

　集成材に使用する板をラミナと呼んでいる。ラミナは集成材にした際に目的の長さとなるものが有れば良いが、短い場合は長さ方向につなぎ合わせたものを使う。また、節や腐った部分などの欠点部分を切断して取り除く為、短くなってしまった材を目的の長さとなるように縦方向に接着をして使用する。

　長さ方向につなぎ合わせる方法としてラミナを図 5-3-3 のような形状に加工して接着する。つなぎ部分の形状は幾つかあるが、集成材に使用するラミナの場合は、強度が一番得られやすいフィンガージョイントが多く使われている。

　フィンガージョイントは最近では自動化された機械で、フィンガー形状の加工、接着剤塗布、圧締を行う（図 5-3-4、5）。フィンガージョイントで重要な

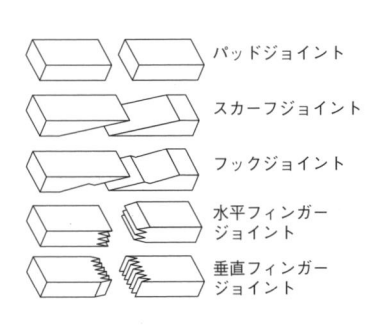

図 5-3-3　たて継ぎ部分の形状 　　　図 5-3-4　フィンガー材への接着剤塗布

（パッドジョイント／スカーフジョイント／フックジョイント／水平フィンガージョイント／垂直フィンガージョイント）

のはフィンガー部分の形状が、押し込んだ際に容易に外れることが無い精度の良い加工が必要である。塗布する接着剤は多すぎると圧縮した際に多量にはみ出し、少なすぎると十分な接着強さが得られず、適切な量を調整する事が重要である。接着剤が塗布された材料は順次機械に並べられ、所定の長さで切断し圧縮され、つなぎ合わされる。圧縮圧力は、低い場合フィンガーが十分に奥まで圧し込まれず、また反対に高すぎると材料が割れるなどの問題が生じる。圧縮圧力としてはラミナの木口断面積に対して 5 から 8 MPa 程度の範囲で、ラミナ自体の強度、フィンガーの形状など条件を考慮し実際の機械で適切な圧力を設定する必要がある。

図 5-3-5　フィンガージョイントマシーン

3.6　積層接着

ラミナ(木材の板)を貼り合わせる工程を簡単に表すと、①ラミナの厚みを揃え表面を平滑にする、②接着剤を準備する、③接着剤をラミナに塗る、④ラミナを重ね合わせる、⑤圧縮する、となる。

ラミナの厚みを平滑にする必要性は、貼り合わせる面がデコボコの状態の場合、お互いが密着することができず多くの隙間が開き十分な接着性能を得ることができない。表面の加工はモルダーと呼ばれる機械で鉋をかける様に表面を削り、厚みを合わせて表面を平滑にする。この時に表面の平滑性も重要であるが、厚みも均一に揃える必要がある。集成材はラミナを何枚も重ねて貼り合わせるため、仮にラミナの厚さ方向で 0.2 mm 厚さが違った場合、5 枚重ねた時には厚み誤差は最大 1 mm 生じてしまう。厚さが異なると圧縮を行った時に均一な力が掛からなくなり接着性能が低下する。接着剤は厚い膜より薄い膜の方が接着性能は良く、均一な薄い膜を作る必要がある。

接着剤は使用する接着剤の種類によって使用方法が異なる。使用可能な接着

剤の種類は日本農林規格に定められており、集成材の用途によって異なる。集成材の接着に使用される接着剤の多くは2種類を混ぜ合わせ使用するタイプが多い。混ぜ合わせる比率が適切でない、混合が不十分な場合は目的の性能が得られないので注意が必要である。また、混ぜ合わせた接着剤は使うことが可能な時間に制限があり接着剤メーカーの指示に従う必要がある。

接着剤の塗布量は一般的には220から300 g/m^2の範囲で適切な量をロールコーターなどの塗布機械を用いて均一に塗布する。適切な量とは、接着剤の種類、ラミナの材種、ラミナの表面状態、温度等によって異なる為一概には言えない。少ないと貼り合わせる面に十分に接着剤が行き渡らない、特にラミナの表面が平滑でないと隙間を埋める為に接着剤が余分に必要となる。また、接着剤を塗布してから圧縮するまでの時間が長いと、接着剤が乾いてしまい、ぬれ（材料への馴染み）が悪く接着性が低下する。塗布量が過剰な場合は、余分な接着剤がはみ出し機械を汚す、また、はみ出すことができなかった場合余分な接着剤が残り、硬化皮膜が厚くなり接着性能が低下する、また水系の接着剤では硬化が遅くなる等の悪影響がある。最適な塗布量は実際に確認をして決定する必要がある。

接着剤をラミナに塗布してから、圧縮を行うまでの制限時間は、接着剤の種類、温度などの条件によって異なる。一般的に圧縮時間を長く必要とする接着剤は接着剤を塗布してから圧力をかけるまでの時間は長く取れるが、圧縮時間の短い接着剤は接着剤を塗布してから圧縮するまでの時間も短く制限される。

圧縮は、ラミナ同士を密着させ均一な薄い接着層を形成させるため、油圧プレス等で行う。必要な圧力は樹種、大きさにより異なる。スギなどのように密度の低い材料に高い圧力をかけると潰れてしまう。密度の高い材料では反りなどがあった場合、反りを抑えるだけの高い圧力を必要とする。一般的に低密度材で0.5～1.0 MPa、その他では0.8～1.5 MPaの圧力で圧縮を行う。

図5-3-6　4面回転プレス

圧縮に必要な時間は接着剤の種類によって、また圧縮時の温度によって異なる。圧縮時間を短くする為、加熱・加温する場合もある。最近は水性高分子-イソシアネート系接着剤で、柱の集成材を接着する際には圧縮時間は30分以下と短い時間で行われ図5-3-6のような機械の4面に圧縮する箇所を設けたプレス機で次々と生産を行っている。

3.7 使用できる接着剤

接着剤は目的の製品の用途に合わせて選定する必要がある。接着剤の種類により性能が異なる為、高度な性能を要求される構造用集成材に不適格な接着剤が使用されることを防ぐ為、集成材の日本農林規格には表5-3-2に記した接着剤が定められている。また、近年ではホルムアルデヒドの影響による健康被害もあるため、集成材から放散されるホルムアルデヒドの基準があり、これに適合する接着剤を使用することが必要である。

レゾルシノール樹脂系の接着剤は、耐熱・耐水性能に優れ屋外での使用にも耐える。しかし、硬化するまでに時間が長く必要で生産効率が水性高分子-イソシアネート系接着剤に比べると劣る。この為、使用環境Cに区分される集成材では生産効率の高い水性高分子-イソシアネート系接着剤が主に使用されている。

造作用集成材に関しては特に使用する接着剤の指定はないが、広葉樹材の接着には水性高分子-イソシアネート系接着剤が多く使用されている。フィンガージョイントに使用される接着剤は酢酸ビニル樹脂エマルジョン系の接着剤が多

表5-3-2 日本農林規格の定める使用可能な接着剤[1]

		積層方向　幅方向　二次接着	長さ方向
構造用集成材	使用環境A	レゾルシノール樹脂 レゾルシノール・フェノール樹脂	レゾルシノール樹脂 レゾルシノール・フェノール樹脂 メラミン樹脂
	使用環境B		
	使用環境C	レゾルシノール樹脂 レゾルシノール・フェノール樹脂 水性高分子イソシアネート系樹脂	レゾルシノール樹脂 レゾルシノール・フェノール樹脂 水性高分子-イソシアネート系樹脂 メラミン樹脂 メラミン・ユリア共縮合樹脂
造作用集成材		規定なし	規定なし

い。造作用集成材の場合は、塗装を行うことが多く塗料に含まれる溶剤に侵されない性能が要求されることがある。一部の密度が高く樹脂分の多い樹種(チーク材など)に対しては、エポキシ樹脂系の接着剤も使用されている。

3.8 接着剤の種類と作業条件

接着剤は硬化形態によって作業条件が異なる。樹脂の反応によって硬化するタイプのレゾルシノール樹脂系接着剤と、接着剤中の水分がなくなり皮膜を形成するタイプとして水性高分子-イソシアネート系の2種類を代表して記す。

レゾルシノール樹脂系の接着剤は、主剤と硬化剤の反応により硬化するタイプの接着剤であり、硬化に温度と時間を必要とする。従来のタイプでは、材料を加温した状態で圧縮時間が8時間以上必要であった。しかし硬化に時間がかかる接着剤の場合は、貼り合わせる時間も長く取れ、断面積の大きな集成材や、湾曲したものを製造する際には30から60分の作業時間が可能となり適した接着剤となる。最近では生産性を向上させる為、1時間程度の圧縮時間で製造できるレゾルシノール樹脂系の接着剤もある。このような接着剤は主剤と硬化剤を混ぜると短い時間で硬化する為、接着剤は機械を使用し塗布する直前に混合を行い、シャワー状にして直接ラミナの上に接着剤を塗布する事が必要となる(図5-3-8)。機械設備の発達により以前ではできなかったことが容易に可能となっている。

レゾルシノール樹脂系の接着剤で特に注意しなければならないことは、一定以上の温度がないと硬化しない(硬化に非常に時間がかかる)事である。気温の低下する冬は、材料の温度が低いと硬化時間が延びるので温度管理が重要である。主剤は同じ品番であっても季節により異なる製品が用意されていることがある。低温時の硬化に時間を短縮することを目的に、反応時間を調整している。この為、冬用の主剤を温度の高い条件で使用すると、硬化する時間が早くなり作業性が悪化することがある。反対に夏用の主剤を温度の低い条件で使用すると、硬化時間が長くなり、圧縮時間を延長する必要が生

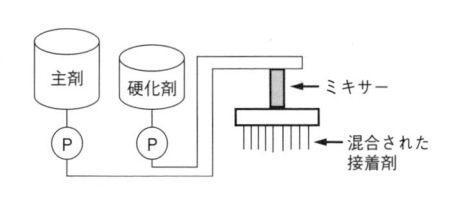

図5-3-8 接着剤の吐出状況

じ、時間が不十分の場合は接着不良を起こすので注意が必要である。

レゾルシノール樹脂系接着剤の場合、温度が高ければ硬化時間が早くなる為、ホットプレスや高周波加熱を用い強制的に接着剤の温度を上げ、硬化を促進し圧縮時間の短縮を図る事が可能である。ホットプレスを用いる場合は、集成材の側面に熱盤を当て加熱する手法が取られる。側面からの加熱である為、集成材の中央部まで熱が到達するには時間がかかる為、更に早く中心部まで加熱する方法として高周波加熱が用いられる。高周波加熱は電子レンジと同様に水分子を振動させ発熱させる為、水を含む接着剤が木材より先に温度が高くなり硬化が促進され圧縮時間の短縮が図れる。常温の場合、圧縮時間が数時間必要となるが、高周波加熱を行うと10分以下の圧縮時間が可能となる。この際に接着剤の温度は70から80℃まで加熱される。高周波を使用した場合、木材の含水率が高いと木材中の水分が発熱し、目的の接着剤の温度上昇が得られない。また、含水率にバラツキがあると、温度の上昇にもバラツキが生じ接着剤の均一な硬化ができず、接着不良に繋がるので、使用する材料の含水率管理が重要となる。

水性高分子-イソシアネート系接着剤の場合は、主剤と架橋剤としてイソシアネート化合物を混合して使用する。架橋剤を混合することにより耐水性能が向上する接着剤である。接着剤の硬化機構は、接着剤中の水分が揮散して樹脂が融着して皮膜を形成する。同時にイソシアネートが樹脂と反応して架橋することにより耐水性能が向上する。またイソシアネートは木材との反応も期待できる。基本的には水が揮散して固まるタイプの接着剤なので、この事を踏まえて集成材の製造を行う必要がある。接着剤の種類として固形分が異なると作業性に影響が大きいので注意が必要である。近年は生産性を向上させる為できるだけ圧縮時間を短くする事を目的に、固形分が高いものが使用されている。水が揮散して固まる接着剤であるから、当然水分量の少ない接着剤の方が圧縮時間の短縮が図れる。集成材の接着に使用する場合は、接着剤の固形分がどのくらいのものであるか確認してから使用した方がよい。最近の柱などの集成接着に使用される接着剤は主剤の固形分が60％程度のものが多く、圧縮時間は30分程度で行うことができ、条件が整えば更に短縮が可能である。この様な使われ方をしているところに固形分が40％程度の接着剤を使用すると接着剤の乾きが

遅く、同様の圧縮時間では作業ができない。圧縮時間の短い接着剤は乾きが早いので、ラミナを貼り合わせるのに時間がかかる場合は、圧縮を行う前に接着剤が乾いてしまうので、固形分の低い乾燥に時間のかかる接着剤を使用することが必要となる。乾きが遅い分圧縮時間は長くなる。温度が高い時は、乾きが早いので貼り合わせるのに必要な時間は短くなる。温度が低い場合は乾きが遅くなるので圧縮時間が長く必要となる。このように水性高分子−イソシアネート系接着剤のような水揮散型の接着剤には温度と接着剤中の水分量が、作業性に大きく関与するので集成材を製造する際には考慮が必要である。架橋剤の配合量は接着性能に大きく影響を与えるので適切な配合比率を守る必要がある。配合量を多くすると接着性能は向上する。しかし多すぎると粘度が高くなり作業性悪く、接着性能にも悪影響を与える場合がある。圧縮時間の短縮にはレゾルシノール樹脂系の接着剤と同様に加熱することにより短縮が可能となる。しかし硬化形態が水が飛んで固まることと、接着剤が熱可塑性(温度が高くなると柔らかくなる)の特性を持っている為、必要以上に温度を上げることは良くない。接着層の温度は70℃程度を上限とした方が良いと思われる。

3.9 要求される接着性能

構造用集成材の場合は曲げ性能等の強度面での性能、外観等の性能など様々な性能が規定されているが、接着性能に関してのみ記す。

構造用、造作用集成材ともに、日本農林規格に定められている接着性能の試験方法として、浸せきはく離試験を行っている。浸せきはく離試験は、集成材を水中に浸せきし、水を吸わせた後、乾燥を行い木材中への水の出入りによる膨張、収縮の動きに接着強さが勝るか、この時にぬれているので耐水性能に関しても試されている。構造用集成材と造作用集成材の試験の処理方法が異なり、水への浸せき条件及び乾燥する際の温度が異なる。構造用では、試験片を水中に浸せきした状態で減圧、加圧を行い、無理矢理木材中に水を押し込む処理を行い70℃の温度で乾燥させる。造作用では水中に6時間試験片を浸せきした後、40℃の温度で乾燥される試験となっている。構造用集成材は使用環境の違いによりこのはく離試験を繰り返す回数が異なり、高度な接着性能が要求されている。また、せん断試験も要求されており、荷重に対する性能も評価される。

詳細な試験条件は集成材の日本農林規格を参照いただきたいが、集成材は常に接着性能の確認が行われ生産されている。

3.10 使用する樹種

集成材は使用する目的等により樹種を使い分けている。構造用集成材には主に針葉樹材が使用され、造作用集成材には広葉樹材が使用されることが多い。

木材は樹種により、含有成分、密度が大きく異なる。含有成分によっては、接着剤の硬化阻害や、接着剤のぬれ性の低下を招き十分な接着性能が発現しない可能性がある。また、同じ名称の樹種でも産地によって含有成分や密度が異なることがあり注意が必要である。特に近年は、原木の伐採地が環境の厳しいところに移行し、樹脂分や密度の高い材料が多くなっている。また、乾燥工程の時間短縮等の為、材料に内部応力が多く残る材もあるので注意が必要である。集成材に使用される材種は今後更に多様化する。新たに使用する材種では、現在使用されている接着剤では十分な接着性能が得られない場合があるので事前に性能確認が必要である。

● 文　献

1) 集成材の日本農業規格(農林水産省告示第 1152 号)、日本合板検査会 (2007)
2) 日本加工技術協会編："木材の接着・接着剤"、産調出版 (1996)
3) 日本接着学会編："接着ハンドブック(第 4 版)"、日刊工業新聞社 (2007)
4) (株)オーシカ　社内資料

第4節 パーティクルボード

4.1 パーティクルボードの定義・分類
(1) 定 義
パーティクルボードの日本工業規格(JIS A 5908：2003)ではパーティクルボードの適用範囲を下記のように定めている。
「木材などの小片を主な原料として、接着剤を用いて熱圧成型した板」
なお小片とは、チップ、フレーク、ウエファー、ストランドなどをいう。
北米や欧州で製造されているOSB(配向性ストランドボード)も「パーティクルボード」に含まれる。

(2) 分 類
パーティクルボードはJIS A 5908において、①表裏面の状態、②曲げ強さ、③接着剤、④ホルムアルデヒド放散量、⑤難燃性 の5項目で分類されている。

4.2 パーティクルボードの製造方法
(1) 原材料
a) 木材チップ
パーティクルボードの主原料である木材チップは現在その大部分を建築解体

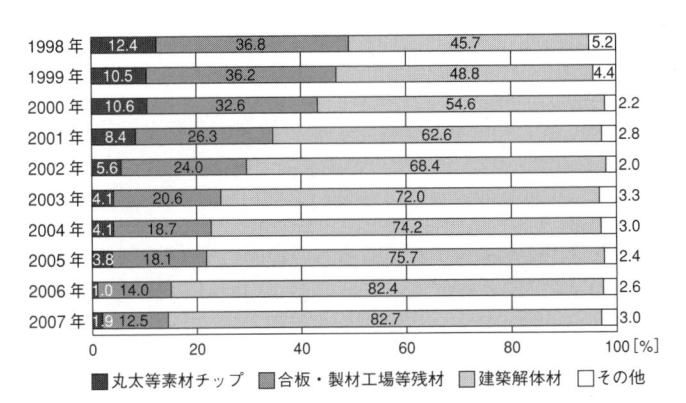

図5-4-1 パーティクルボード用原料使用割合推移[1]

材等の廃木材原料が占めている(図5-4-1)[1]。そのため樹種はベイマツ、ベイツガ、スギなどの針葉樹が多く含まれる。廃木材には金属等の異物が含まれることがあるので従来のディスクチッパーによる切削ではなくハンマーミルによる破砕によってチップ化される。そのためチップの形状は細長い(図5-4-2)。

図5-4-2　建築解体材由来のチップ

b) 接着剤

接着剤は水溶性のホルムアルデヒド系接着剤(ユリア樹脂、メラミン・ユリア共縮合樹脂、メラミン樹脂、フェノール樹脂)の他にウレタン樹脂系のpMDIが使用されている。南アフリカ共和国、豪州等ではアカシアの樹皮から得られるタンニンを利用したタンニン-ホルムアルデヒド接着剤で接着されたパーティクルボードがある。

c) ワックスエマルジョン

製造時におけるチップ同士の摩擦軽減およびパーティクルボードへの初期撥水性付与を目的としてワックスエマルジョンが使用されている。

d) その他の添加剤

必要に応じて硬化剤、ホルムアルデヒドキャッチャー剤、難燃剤、防蟻剤等を添加する。

(2) 製造方法

パーティクルボードの製造工程は、①原料調製、②乾燥、③接着剤塗布(グルー)、④フォーミング、⑤プレス、⑥仕上げ工程から成る。

①原料調製

原料チップを薄く切削する工程である。一般的にナイフリングフレーカーにてチップを切削して小片を作る。表裏層の細かな小片の調製にはディスクリファイナーが使用されることもある。

②乾　燥

小片の含水率が高い状態では後のプレス工程でパンク、接着不良等の不具合

図 5-4-3　グルーブレンダー(iMAL 社)　　図 5-4-4　連続プレス(Dieffenbacher 社)

を発生させることからドライヤーにて小片の含水率を3～5％程度まで乾燥させる。その後スクリーンにてふるい分けを行い表裏層の細かい小片と芯層の繊維長の長い小片に分級する。

③接着剤塗布(グルー)

分級されたそれぞれの小片はグルーブレンダーに定量的に投入される。小片に均一塗布するため液体の熱硬化性接着剤をスプレー塗布する。一般的に家具・木工用途にはユリア樹脂系、住宅下地・構造用途にはメラミン樹脂、フェノール樹脂、ウレタン樹脂(pMDI)が使用される。pMDIはプレス熱板も接着することから芯層小片のみに使用されることが多い。

④フォーミング

接着剤を塗布した小片を散布して3層構造の「マット」を形成する。小片の散布にはフォーミングマシンを用いる。均一なマットを形成するため各層の散布においてさらに小片を分級しながら散布するフォーミングマシンが主流である。分級の方法にはローラースクリーンによる機械的分級と粒度による重量差を利用する風力分級がある。

⑤プレス

小片マットを高温高圧のプレスで所定厚みまで圧縮し、熱硬化性接着剤の硬化反応により圧縮変形を固定して「原板」を成型する工程である。初期段階ではプレス熱板に近い表層部分が先行して可塑化され接着剤の硬化が始まる。マットの芯層、特に厚物の場合はプレスの熱が直接伝わりにくいため、マット表層部分で発生する高温の水蒸気が芯層小片を可塑化、接着剤を硬化させる熱媒体

となる。芯層マットの含水率が高いとマット温度の上昇が遅くなり、接着不良を引き起こすことから表層マット含水率は12〜18％と高めに、一方芯層含水率は6〜10％と低めに設定する。プレス装置は、多段式の平板プレスとスチールベルトを使用する連続プレスがある。連続プレスはマットの搬入・搬出によるロスタイムがなく、サイズの自由度が高いなど多くの利点があることから平成元年以降国内のパーティクルボード工場で新設されたプレスはすべて連続プレスである。

⑥仕上げ工程

熱圧成型された「原板」は高温条件でプレスされることで低含水率状態にあることから建築下地用製品については散水等による増湿処理を行ってから養生を行うことが多い。養生後、表裏面研磨による厚み調整、製品サイズへのカットを行う。パーティクルボードは表裏層の密度が高いことから切削に使用する刃物は超硬チップソーまたはダイヤモンドソーを使用する。

4.3 パーティクルボードの特性

(1) 強度特性

パーティクルボードは木材の長繊維が短く切断されていることから合板と比較して曲げ性能が低い。そのため床下地のように曲げ性能が要求される部位に使用する場合は合板よりも厚みを増して断面二次モーメント・断面係数を大きくする必要がある。一方、面内せん断性能は高く特にせん断剛性は合板の2倍以上ある。

(2) 寸法安定性

パーティクルボードは木質素材同様、吸放湿により含水率と寸法が変化する。構成エレメントが小さい（木繊維が短い）ことから積層によるクロスバンド効果は小さい。そのため平面方向の寸法変化率は素材の半径方向または接線方向のそれに相当する。一方、厚さ方向（プレス方向）については素材の寸法変化に圧縮変形の回復に伴う寸法変化（スプリングバック）が加わることからその値は大きくなる。

(3) 吸水特性

パーティクルボードの吸水はほとんどが木口から起こり、表面からの吸水は

小さい。ボード類の吸水厚さ膨張は吸水量に比例して増加することから木口付近のみが膨張する。

(4) 耐水性能

パーティクルボードの耐水性能は接着剤の耐水性に依存する。一般的には、フェノール樹脂≒pMDI＞メラミン樹脂＞メラミン・ユリア共縮合樹脂＞ユリア樹脂の順に耐水性が高い。耐煮沸性能についてはフェノール樹脂が最も優れている。

(5) 耐久性能

パーティクルボードの耐久性能は接着剤の耐水性能、添加率に加え、スプリングバックが大きく影響する。大きなスプリングバックは接着点の機械的な破壊を引き起こし、その結果乾燥後も元の厚さまで戻らなくなる。スプリングバックの大きさはボード内に浸入した水分の量に比例する。pMDIは疎水性のため水分を吸い難く、スプリングバックの防止に有効である。

4.4 パーティクルボードの用途

図5-4-5に主な用途を示す。

(1) 家具用途

一般家具、厨房家具、システム収納等国内で生産されるパーティクルボードの50％以上が家具用途に使用されている。パネル枠の芯材用途と表面に化粧シートを張る扉や側板等のベタ使いがある。

(2) 建築下地用途

床下地、屋根下地、壁下地等あるがその大部分は床下地用途である。そのうち集合住宅用乾式遮音二重床の下地が建築用途の約60％を占める。20～25 mmの厚物パーティクルボードをベースパネルに使用する乾式遮音二重床工法は公共住宅建設工事共通仕様書にも記載されている揚げ床工法の一つで遮音性に優れている。戸建住宅ではプレハブ工法住宅の床

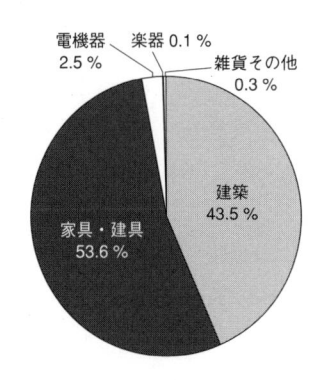

図5-4-5 用途別出荷割合（2007年）[1]

下地材としての利用が多い。耐水性能の向上により最近では現場施工の木造軸組工法、枠組壁工法住宅の耐力壁にも使用されている（図 5-4-6）。パーティクルボードは、せん断性能に優れていることから耐力壁に適しており国土交通省告示では木造軸組工法で2.5倍、枠組壁工法で3.0倍の壁倍率が与えられている。

図 5-4-6　耐力壁用途（枠組壁工法住宅）

(3) その他の用途

合板、特にラワン等を使用する南洋材合板が入手困難になってきておりその代替製品の一つとしてパーティクルボードが注目されている。パーティクルボードは表面硬度が高いことから耐傷性のある複合フロアーの基材としての利用が始まっている。

● 文　献

1) 日本繊維板工業会統計資料 (2008)

第5節 ファイバーボード（繊維板）

5.1 ファイバーボード（繊維板）の定義・意義

ファイバーボードは木材などの植物繊維を成形した板材料であり、密度によってインシュレーションファイバーボード（IB）、ミディアムデンシティファイバーボード（MDF）、ハードファイバーボード（HB）の3種類に大別される。

一般には、木材チップを蒸煮・解繊によって木材繊維とし、乾式法または湿式法によりボードの製造が行われている。乾式法の場合は木材繊維を乾燥させた後に接着剤や撥水剤を添加して熱圧成形する。湿式法の場合は多量の水に分

表 5-5-1　JIS によるファイバーボードの分類[1, 2]

分類		インシュレーションファイバーボード	ミディアムデンシティファイバーボード	ハードファイバーボード
記号		IB	MDF	HB
密度		0.35 g/cm³ 未満	0.35 g/cm³ 以上	0.80 g/cm³ 以上
種類		(1) 用途による区分（タタミボード、A級インシュレーションボード、シージングボード） (2) 難燃性による区分（難燃3級、普通）	(1) 表裏面の状態による区分 ・素地 MDF（研磨板） ・化粧 MDF（単板オーバーレイ、プラスチックオーバーレイ、塗装） (2) 曲げ強さによる区分（30タイプ、25タイプ、15タイプ、5タイプ） (3) 接着剤による区分（Uタイプ、Mタイプ、Pタイプ） (4) ホルムアルデヒド放散による区分（F☆☆☆☆等級、F☆☆☆等級、F☆☆等級） (5) 難燃性による区分（難燃2級、難燃3級、普通）	(1) 油、樹脂などの特殊処理による区分（スタンダードボード、テンパーボード） (2) 表面の状態による区分 ・素地ハードボード（未研磨板、研磨板） ・内装用化粧ハードボード ・外装用化粧ハードボード (3) 曲げ強さによる区分 ・スタンダードボード（35タイプ、25タイプ、20タイプ） ・テンパーボード（45タイプ、35タイプ） (4) 難燃性による区分（難燃2級、難燃3級、普通）
製造方法	成形	湿式	乾式	湿式、乾式
	熱圧	熱圧締しない	熱圧締	熱圧締

散させた木材繊維に、少量の接着剤やサイズ剤を添加した後に繊維マットを抄造し、乾燥あるいは熱圧して成板する。通常 IB は湿式法、MDF は乾式法、HB は湿式法または乾式法で製造されている。

ファイバーボードはエレメントが非常に小さいために均質な材料であり、IBは断熱性や吸音性に優れている。MDF や HB は表面性が良く、加工性に優れている。用途は種類により異なるものの、建築、包装、家具、各種内装材などに利用されている。日本での需要は MDF が 60％以上を占め、続いて IB、HB の順となっている。

JIS 規格では JIS A 5905「繊維板」にファイバーボードの品質が規定され、様々なタイプに区分されている。**表 5-5-1** に概略をまとめた[1,2]。このなかで MDF は接着剤への依存が大きく、種々の接着剤が使用されている。そのため接着剤による区分やホルムアルデヒド放散による区分が規定されている。そこで以下、MDF の製造と使用される接着剤について詳述する。

5.2 MDF の原料

(1) 主原料の構成

MDF (medium density fiberboard) の主原料は木質チップ、接着剤、ワックスである (**表 5-5-2**)。

MDF に占める接着剤の割合は高く、MDF の性質を決める主要素である。

図 5-5-1 に MDF 製品、**図 5-5-2** に原料の木質チップ、**図 5-5-3** に木質チップを解繊したファイバー、**図 5-5-4** にファイバーをフォーミングしたファイバーマット (以下、マットと称する) を示す。

2008 年現在、国内に 4 つの MDF 工場があり、合計 40〜50 万 m^3/年の MDF を生産している。また、国内生産量とほぼ同等量の MDF が輸入されている。

MDF の年間生産量を 45 万 m^3、平均密度 0.7 g/cm^3 とすれば約 30 万 t/年となる。MDF 製品中に接着剤が占める重量を 15％とすれば、国内の MDF 向け接着剤の消費量は、固形重量で約 4 万 5 千 t/年と推定される (**表 5-5-3**)。

表 5-5-2 MDF 製品に占める主原料の割合 (乾燥重量％)[3]

原料	構成割合
木質ファイバー	75〜95
接着剤	5〜20
撥水剤	0〜5

図 5-5-1　MDF 製品
（左：広葉樹、右：針葉樹）

図 5-5-2　木質チップ（広葉樹）

図 5-5-3　ファイバー（広葉樹）

図 5-5-4　ファイバーマット

表 5-5-3　MDF の供給推移（m^3／年）

	1995 年	2000 年	2005 年	2006 年	2007 年
国　産	317,285	446,893	420,382	436,990	474,519
輸　入	356,077	467,483	518,606	470,294	587,682
合　計	672,362	914,376	938,988	907,284	1,062,201

資料：財務省通関統計、経済産業省建材統計、日本繊維板工業会統計
注）MDF 素板量のみ、MDF 加工品として輸入されたものは含まれない

(2) 接着剤の種類

MDF 用の接着剤には主として次の熱硬化性樹脂が使用されている。

- アミノ系樹脂：ユリア樹脂、メラミン樹脂
  ※メラミン・ユリア共縮合樹脂をメラミン率の高低によって「ユリア」「メラミン」と区別して称している
- ウレタン樹脂：pMDI（polymeric methylene diphenyl diisocyanate）
- フェノール樹脂

国内でのMDF商業生産は1972年に開始され、当初は家具・家電向けに供給された。その後、建材向けに展開し、幅木、廻り縁、ドア枠、窓枠、床、構造材へと耐水性、耐久性が要求される用途への供給が広がっている[4]。用途によりpMDIやフェノール樹脂などの高耐水、高耐久性の接着剤が使用され、数種の樹脂をブレンドする場合もある。

5.3 MDFの生産

MDFの生産工程の例を **図5-5-5** および **表5-5-4** に示す。

（1）接着剤の添加方式

接着剤は木質チップがファイバーへと解繊された後に添加され、乾燥工程、フォーミング工程を経てホットプレス（以下プレス）による熱圧工程で硬化する。接着剤はプレス内で一気に短時間で硬化することが望まれるが、**表5-5-5** に示すように熱圧工程以前の乾燥工程とフォーミング工程でも熱負荷がかかり、硬化が始まっている。また、熱圧後、仕上工程に至るまでの間にも余熱での硬化が進行している。

熱圧前に接着剤が硬化（precure：プリキュア）してしまうとMDF製品としての強度および寸法安定性には効果的に寄与しないため、接着剤のロスとなる。また、接着剤の分散が悪い場合にも強度や寸法安定性が低下する。

表5-5-6 に接着剤の添加方式と特徴を示す。一般的には接着剤を解繊直後のブローラインで添加し、ブローライン中および直後のドライヤー中の乱気流による攪拌効果によって分散させている。しかし、ドライヤー通過中に大きな熱負荷がかかり、プリキュアが進行する。プリキュア低減のため、メインドライヤー後にブレンダー（mechanical blender：機械式ブレンダー）を使用して添加する方式などが採用されている。ブレンダーでは高速回転するパドル状の攪拌子によってファイバーが機械力で攪拌され、その中にスプレーガンから接着剤が霧状に噴霧される。この方式ではブローラインでの添加に比べて接着剤の添加率を抑えながら同等以上のボード強度と寸法安定性を得られる利点があるが、ブローライン内およびメインドライヤー内の乱気流ほどの攪拌効果がないために接着剤の分散性では劣る。接着剤の局在で塊状となったファイバーをほぐすシステムや、接着剤の固まりを除去するための分級装置（air shifter：エアシフ

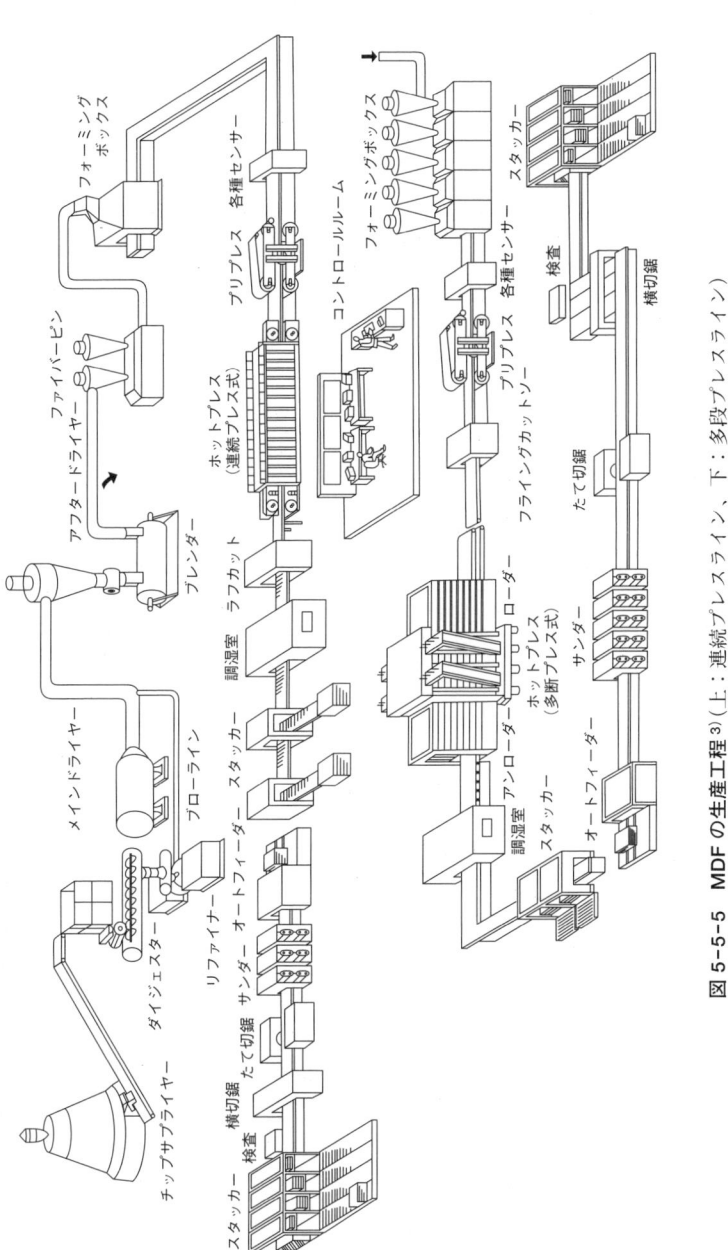

第5節 ファイバーボード(繊維板)　　　157

図5-5-5　MDFの生産工程[3]（上：連続プレスライン、下：多段プレスライン）
注）下では「→」より手前を省略。

表 5-5-4　MDF の生産工程[3]

工　程	加工内容	主な使用設備
チップ供給	木質チップの受入・定量払出し	チップサプライヤー
蒸煮・解繊	木質チップを蒸気で軟化 機械力で繊維化	ダイジェスター リファイナー
接着剤添加①	ファイバーに接着剤を添加	ブローライン
乾　燥①	熱風中で過剰水分を除去 含水率を調整	メインドライヤー
接着剤添加②	ファイバーに接着剤を添加	機械式ブレンダー
乾　燥②	ヒーターで過剰水分を除去 含水率を調整	アフタードライヤー
フォーミング	ファイバーの定量払出し マット状に成形 マットの圧縮・空気抜き	フォーミングボックス プリコンプレッサー
熱　圧	マットを熱圧成形＝原板生産	ホットプレス
調　湿	原板の含水率調整	調湿室
仕　上	原板の表面研磨・厚さ規制 製品サイズへカット	ベルトサンダー たて切鋸、横切鋸

表 5-5-5　MDF 生産工程中の接着剤に対する熱負荷例[3]

設　備	温　度	時　間
メインドライヤー（フラッシュドライヤー）	80～200 ℃	2～3 秒
アフタードライヤー（エルフィンヒーター）	40～ 80 ℃	5～6 秒
ファイバービン	ドライヤー余熱	5～30 分
ホットプレス	160～200 ℃	5 分

表 5-5-6　接着剤の添加方式と特徴[3]

添加工程の位置	添加設備	分散性	強度発現
メインドライヤー前	ブローライン（ブローパイプ＋乱気流）	○	○
メインドライヤー後	ブレンダー（スプレーガン＋機械式攪拌）	△	◎

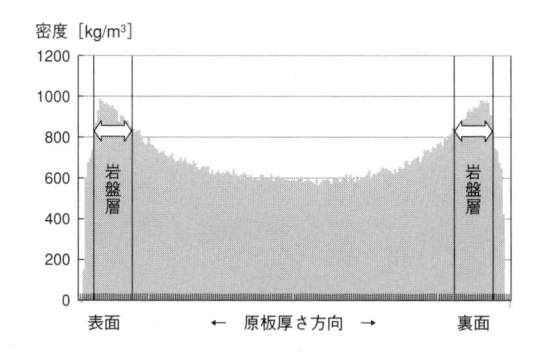

図 5-5-6　MDF 原板のデンシティプロファイル [3]
ボードの上表面〜芯層〜下表面に至る各層の密度を放射線利用により測定。
上表面および下表面の高密度層は"岩盤層"と称され、この部分の密度の高低が表面の
平滑さ、化粧シート貼り用の接着剤の浸透性などに影響する。

ター)などのシステムが併用されている。

(2) MDF 用接着剤に求められる性質

a) 硬化速度

　MDF 用接着剤の性質で重要なのは硬化速度である。硬化速度が遅いと生産性の低下、製品表面の高密度層(rock layer；岩盤層 図 5-5-6 原板のデンシティプロファイル参照)の形成不完全、内部剥離、ホットプレス熱盤へのファイバー付着などの問題が発生する。プレスでの熱圧時間は、ほぼ製品厚さに比例しており、マットの挿入・プレス後の原板排出などを除いた正味の時間は厚さ 1 mm あたり約 10 秒ほどである。

　プレス熱盤がマットに接すると表層部のファイバーが保持する水分が蒸気となり、芯層部へ熱を伝達する。熱圧時間の経過とともにマット内部の蒸気圧と温度は上昇していくが、プレス熱盤の温度が約 200 ℃ の場合でもマット芯層部の最高温度は 100 ℃ を若干超える程度である。プレス開放時に接着剤の接着力が内部蒸気圧に負けると"パンク"と呼ばれる内部剥離が生じ、内部に空隙のある不良品となる。また、プレス中の接着剤の硬化が不足していると圧縮したファイバーの反発力に負け、プレス後に"スプリングバック"が発生し原板の厚さが設定以上になる。設定以上の厚さとなった原板をベルトサンダー(belt sander)によって規定の製品厚さに仕上げると岩盤層が研削されてしまい密度が低くザ

ラついた表面となり化粧加工に不向きな不良品となる。

b) 粘　度（Viscosity）

ブレンダーで接着剤を噴霧する場合には、粘度が高いと霧状にならずにファイバーへの分散が不均一になるため低粘度（10～30 mPa·s 程度）であることが必要である。ブローラインでの添加では、直径が数 mm あるブローパイプからブレンダーのスプレーガンよりも大きな粒径で接着剤を吐出できるため粘度の許容範囲は大きくなる。

接着剤の分散が不均一になるとボードの強度・寸法安定性が低下する。極端な場合は、マット中にダマ状のファイバーと接着剤の塊が散在し、プレス後の製品に濃色斑点状の表面不良となって表れる。

MDFの生産工程中、接着剤を添加されたファイバーは閉鎖系のダクト中を風送される。一部はベルトコンベアなどでの搬送もあり、風送から他の搬送方式に移る際または一時的にファイバービン内に蓄積される際などにはサイクロンを使用して搬送空気からファイバーが分離される。各設備の内壁、ベルト、装置出入口へのファイバーの付着滞留が発生すると製品の品質および生産性に影響する。接着剤の粘度が高くなると、ファイバーへの分散性が低下することと相まって付着が発生しやすくなる。

c) 粘着性（Tackiness）

フォーミング工程で形成されるマットは、その後プリコンプレッサーでの圧縮・空気抜き、マット端部のトリムカット、コンベアでの搬送などの工程を経る。各工程でマットが崩壊や断裂を起こさないレベルの接着剤の粘着性が必要である。

また、接着剤の粘着性はマットの高さに影響する。単位面積当たりの乾燥重量が同じマットであれば、熱圧中のマットの反発力はプリコンプレス後のマットの高さが高い方が大きい。図 5-5-6 に示す製品のデンシティプロファイルはマットの反発力に影響を受け、反発力が大きいと原板のピーク密度が高くなり芯層密度が低くなる傾向にある。MDFのプレス直前のマットの高さは、プラントによる差異があるが、広葉樹系で製品厚さの約 5～10 倍レベルであり、針葉樹系ではさらに高い。他の木質ボードと比べてプレス前の高さが大きく、接着剤の粘着性によるマット高さ増減も大きい。

d) 固形分

輸送およびドライヤー乾燥のエネルギー効率を考慮すれば接着剤の固形分率は高い方が有利である。しかし、ファイバーに接着剤を添加する際の分散性、貯蔵中の安定性を考慮すれば上限がある。MDF用のアミノ系接着剤の固形分は45％〜65％程度のものが使用されている。

e) 保存期間（Shelf life）

保存期間が夏場の高温（30 ℃〜35 ℃）、冬場の低温（5 ℃〜10 ℃）のそれぞれの条件下で3週間程度あれば、輸送および生産ラインのトラブル時の貯留にも対応可能であると考えられる。

f) 被着材との関係

MDFでは、被着材は木質ファイバーであるが、樹種、樹齢やファイバーの形状、pHは様々である。国内のMDF工場では、ラワンを主とする広葉樹の製材くず、国産のスギ、ヒノキなどの針葉樹の製材くず、輸入針葉樹材の製材くず、合板のムキ芯・単板の端材、梱包材の廃材、建築解体材、MDF端材などがチップ原料として使用されている。今後は、ラジアータパイン、アカシア、ユーカリ、グメリナ、ポプラなどの植林木のバージンチップも使用されると思われる。ほとんどの材でファイバーは弱酸性〜中性域であるが、アミノ系接着剤ではファイバーのpHにより硬化速度に影響を受ける。同じ樹種でも酸性物質の蓄積が多い老齢木ほど硬化が早くなる。

また、ファイバーにダスト状の細かい粒径の割合が高いほどファイバー重量当たりの表面積が大きく、ファイバー同士の絡みも少なくなり、接着剤の添加率を高めないとMDF製品の強度が出にくい。吹野らによれば[5]ファイバーの形状係数（派生する細毛の占有面積の指標）よっても接着力に影響が現れる。

g) ホルムアルデヒド放散量

2003年の建築基準法改正にともなうJIS規格（JIS A 5905 繊維板）の改正に合わせホルムアルデヒド放散量低減への対応が図られた。ノンホルムアルデヒドのイソシアネート系樹脂への切り替えやスキャベンジャー（scavenger）の使用、アミノ系樹脂でのモル比低減が主な対応法である。

接着剤はプレスでの熱圧中に硬化完了することが基本であるが、アミノ系接着剤では低モル比化するほど硬化速度が遅いため、熱圧工程後の硬化（post cure）

を利用する方法も採用されている。

　プレス後の原板は、ラフカット工程や調湿工程を通過する間に自然冷却またはボードクーラーなどにより強制冷却されてスタッカーで積み上げられていく。この時点でもまだ余熱があり、適度な温度で堆積・養生すれば接着剤の硬化はさらに進行し、遊離のホルムアルデヒドが低減する。この手法をホットスタック(hot stack)と称しており、プレス時間短縮による生産性向上とホルムアルデヒド放散量の低下に利用されている。

● 文　献

1) 木材活用事典編集委員会編："木材活用事典"、産業調査会、p. 440 (1994)
2) (独)森林総合研究所監修："木材工業ハンドブック(改訂4版)"、丸善、p. 515(2004)
3) ホクシン株式会社　社内資料
4) 池田　稔ほか：木工機械誌、**155**、9-14 (1992)
5) 吹野　信ほか：北海道立林産試験場　成形科　平成18年度年報　p. 43

第6節　家具、木工

6.1　はじめに

　家具の製造には、化粧材の接着、フラッシュパネルの接着、面縁材の接着、端縁接合、組み立てて接合等の様々な接着技術が利用されている。本節では、家具・木工に使用される接着剤、接着技術について述べる。

6.2　化粧材の接着

(1) 天然木化粧合板の接着

　天然木化粧合板とは、0.2 mm～0.6 mm厚程度の薄い銘木の化粧用単板(突き板という)を合板、MDF、パーティクルボード等の台板上に接着し、意匠性を高めたものである。突き板には、原木からの切り出し方により柾目・板目・杢目があり、それぞれ模様が異なる。

　天然木化粧合板の製造には、冷圧プレスを使用した常温接着と、ホットプレスを使用した加熱接着、アイロンを使用した加熱接着がある。また、加熱接着には突き板の含水率を40％以上に調整した湿式接着方式と、突き板の含水率を20％以下に調整した乾式接着方式がある。

　常温接着は、酢酸ビニル樹脂エマルジョン接着剤を合板等の台板にロールコーターにて塗布した後に突き板を貼り合わせ、冷圧プレスにて圧締を行う。一方、ホットプレスを使用した加熱接着では、接着剤はスチレン・ブタジエン共重合樹脂ラテックス(SBR)、ユリア樹脂、メラミン・ユリア共縮合樹脂、硬化剤、小

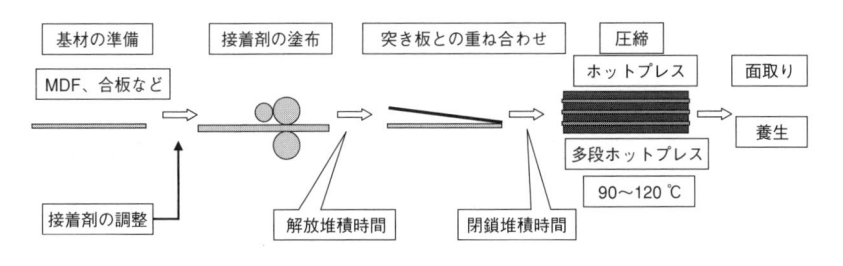

図5-6-1　突き板接着ライン模式図

麦粉などを混合した接着剤を使用する。上記接着剤を合板等の台板にロールコーターにて塗布した後に突き板を貼り合わせホットプレスにて圧縮する。この際のホットプレスの温度は 90〜120 ℃、圧縮時間は 45〜90 秒程度が一般的であるが、突き板の樹種、厚みにより調整を行っている（図 5-6-1）。アイロンを使用した熱圧接着には酢酸ビニル樹脂エマルジョン接着剤を使用し、台板のみ、もしくは突き板と台板の両方に接着を塗布した後、手で触っても接着剤が手につかない程度まで乾燥させる。その後、突き板と台板を重ね突き板の上からアイロンで押さえて接着する。アイロンによる加熱接着は家具等の細かい部分への接着に使用する。

(2) 化粧紙・プラスチックシートの接着

合板や MDF、パーティクルボードの木質材料に化粧紙、プラスチックシート（ポリ塩化ビニルシート、ポリオレフィンシート、ポリエチレンテレフタレートシート（PET））等の異種材料を接着することにより意匠性を向上すると共に、耐水性・耐摩擦性などの性能を付与し表面の保護を目的としたものである。また、昨今の地球温暖化問題や木質材料の枯渇化問題から木材の有効利用が重要であり、木質材料と異種材料の接着の重要性が増している。

プリント化粧合板は合板や MDF 等の木質材料の上に木目などを印刷した化粧紙を接着したものである。化粧紙には、柄を印刷したもの、柄印刷の上に付加価値を付与するためにコート樹脂を塗工したプレコート紙がある。この化粧紙の接着には酢酸ビニル樹脂系、酢酸ビニル・アクリル共重合樹脂系、エチレン・酢酸ビニル共重合樹脂（EVA）エマルジョン形接着剤が使用され、接着には連続ラミネーターが使用される。連続ラミネーターラインでは、台板に接着剤を塗布し、熱風循環や赤外線によりセミドライまで乾燥した後、化粧紙を貼り合わせ 100 ℃ 前後に加熱されたロールを通すことにより圧縮する（図 5-6-2）。

プラスチックシートの接着には、EVA 系、ウレタン樹脂系エマルジョン形接着剤が使用され、耐熱性、耐水性能が要求される場合には硬化剤を併用する場合がある。接着にはラミネートラインを使用するが、化粧紙とは異なり接着剤塗布後のプレ乾燥を行わず、積み上げて冷圧プレスにて圧縮を行う（図 5-6-3）。

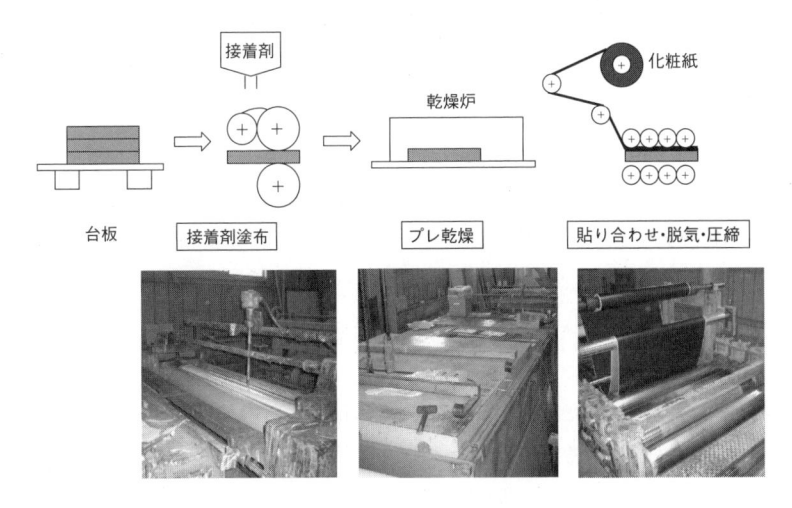

図 5-6-2　化粧紙接着ライン模式図

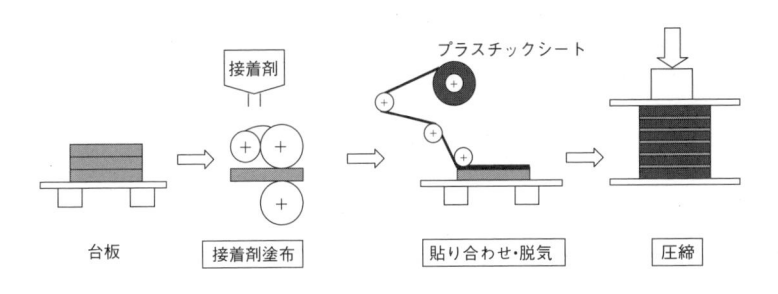

図 5-6-3　プラスチックシート接着ライン模式図

6.3　フラッシュパネルの製造
(1) フラッシュパネルとは
　木枠および芯材をはさみ、その表裏両面に合板、MDF等を接着した中空の平板枠組構造をフラッシュパネルと呼ぶ。このフラッシュパネル構造は収納家具やドア、建築材料などの用途に幅広く使用されている。

　フラッシュパネルの構成材料には主に合板等の木質材料が使用されているが、表裏板(面材)、芯材、縁材など各部材には異なった材質が使用されることから、フラッシュパネルの製造には技術が要求される。このフラッシュパネルを使用した家具、ドアにおいては、被着材・接着剤・接着作業の3要素が十分に機能

することが必要であり、これまで品質の向上、生産性の向上のためいろいろな改善、工夫がなされている。また、このフラッシュ構造は、日本で発達したが、海外でも特長が認識され、導入されている。

(2) フラッシュパネルの特徴

フラッシュパネルは以下に示す特徴を有しており、この特徴を活かした製品開発が行われている。

①重量に対比して剛性が高く、強度も大きい。
②無垢材に比べて軽量であり、自由な大きさのものが得られ、厚みの大きいものも生産可能である。
③無垢材を使用したときに比べると、体積あたりの使用材料が少なく、省資源的な構成である。
④反り、ねじれ、伸び、縮みなどの寸狂いが少ない。
⑤断熱性、保温性に優れるとともに、遮音・吸音などの音響特性も良好である。

これらの特長、特性を十分に発揮するためには、接着作業上での注意すべき点を認識し、管理することが必要である。

(3) フラッシュパネルの用途

フラッシュパネルの用途としては、家具および建材が中心である。フラッシュパネルの用途を 表5-6-1 に示す。これらの各種用途のうち、大部分はそれぞれの製品の構成部材として使用されるものであり、外観上は単純な平面板である。しかし、これらの製品は寸法、強度、外観、耐久性など様々な性能が要求されるが、フラッシュパネル構造が最終製品の骨格を担っており、このパネルの製造工程が最終製品の性能に大きな影響を及ぼす。

(4) フラッシュパネルの構成、被着材

先に述べたようにフラッシュパネル構造は中空の平板枠組構造であり、模式断面図を 図5-6-4 に示す。基本的な構造としては、芯材を挟み対称な構造であるが、面材の表面に化粧紙、プラスチックシートなどを接着した化粧板を利用する場合には、芯材を挟んでの対称構造とすることができないため、反りなどのトラブルが発生する場合がある。

フラッシュパネルの構成材は、面材・芯材・縁材のであり、一般的に用いら

第6節　家具、木工

表 5-6-1　フラッシュパネルの構成材料[1]

使用部位	材料
表面材	合板、パーティクルボード、MDF、石膏ボード
芯材	合板、パーティクルボード、LVL、ペーパーハニカム
縁材	塩ビ、メラミン、突き板、単板

表 5-6-2　フラッシュパネルの用途[2]

分類	用途
家具	タンス、書棚、食器棚、キャビネット、テーブル、机等
建築	ドア、扉、衝立、壁、天井等
その他	楽器、卓球台、製図板

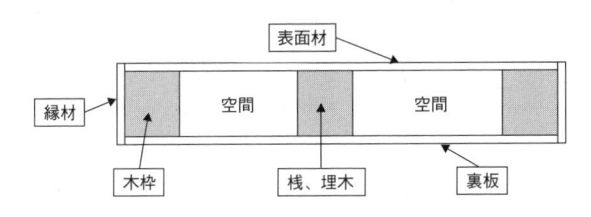

図 5-6-4　フラッシュパネル断面模式図

れる構成材料を 表 5-6-2 に示す。以前は面材に合板を使用する場合が多く見られたが、近年ではMDFの利用が増加している。また、フラッシュパネル構造では芯材間隔が広い場合に合板の中だるみができる場合があり、また面材方向への圧縮強さ向上のためコア材をいれる構成とする場合もある。この際のコア材は合板を格子組したものや、ダンボール等のペーパーコアをハニカム形状にしたものが使用される。

(5) フラッシュパネルの製造方法

　フラッシュパネル製造用接着剤の大部分は、水性エマルジョン形接着剤であり、主成分として酢酸ビニル樹脂エマルジョンを用いたものが一般的である。水性エマルジョン形接着剤の硬化機構は、塗布された接着剤中の水分が被着材中への吸収、空気中への発散により水分が揮散することにより乾燥固化、皮膜化し接着強さが発現する。そのため、接着工程においては、①接着剤を塗布する、②被着材を重ね合わせる堆積、③被着材同士をしっかり密着させる圧縮、

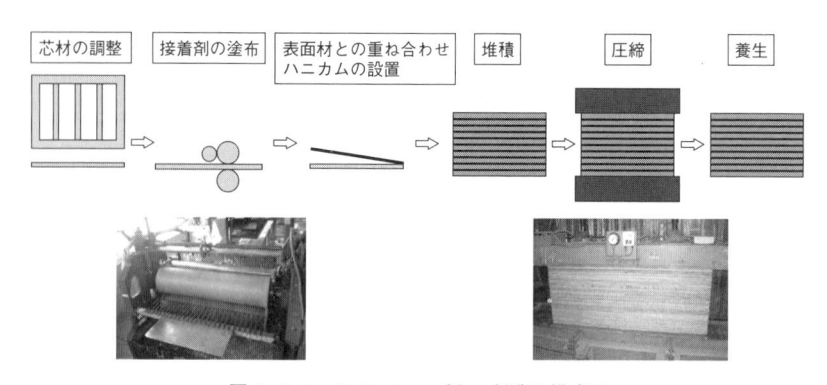

図 5-6-5　フラッシュパネル製造の模式図

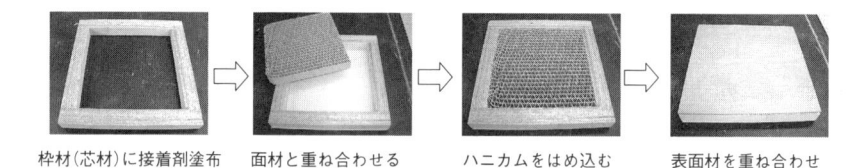

枠材(芯材)に接着剤塗布　　面材と重ね合わせる　　ハニカムをはめ込む　　表面材を重ね合わせ圧締する

図 5-6-6　フラッシュパネルの模式写真

④加工工程に移るまでの養生工程が必要となる。次に接着工程を順に説明する。

接着剤の塗布は通常ロールスプレッダーを使用し、被着材(一般的には芯材)に接着剤を塗布する。この際、接着剤には回転するロールスプレッダー上にのせても粘度が大きく低下し、垂れが起こらない粘性が要求される。また、ロールコーター上で接着剤が大幅な粘度上昇を起こさない、粗粒が発生しないことが必要である。

次に、堆積には開放堆積時間と閉鎖堆積時間があり、一方の被着材に接着剤を塗布した後にもう一方の被着材を貼り合わせるまで接着剤塗布面を空気中にさらしている時間を開放堆積時間(オープンアセンブリタイム；open assembly time)という。この時間が長い場合には、接着剤の表面が皮貼りし、接着性能を低下させる原因となる。また、接着剤を塗布した被着材ともう一方の被着材を貼り合わせてから圧締するまでの時間を閉鎖堆積時間(クローズドアセブリンタイム；closed assembly time)という。通常、フラッシュパネルの生産工程では開放堆積時間は1分以内、閉鎖堆積時間は最低10～20分程度であり、その間

に順次同様の作業を行い積み上げていく(図 5-6-5、6)。

　圧締は、被着材同士を充分に押しつけて接着剤を塗布していない面に転写し、連続した皮膜を形成させるとともに接着剤が硬化して接着力を発現するまで被着材同士を密着した状態に保つことが必要である。圧締する時間は接着する木材の種類、使用する接着剤の種類、気温等の条件により調整する必要がある。

　養生とは、充分な接着力が発現し、次の切削、加工などの工程に移るまでの時間を指し、数時間から半日程度の養生を行った後に次行程に移る。

(6) フラッシュパネルの接着方法

　フラッシュパネルの製造方法では、広く使用されている冷圧プレスを使用した接着方法について説明した。次に、フラッシュパネル製造に使用されている他の接着方法について紹介する。

a) 部材加熱接着 (図 5-6-7)

　部材加熱方式の接着では、堆積時に被着材を積み上げて一度に圧締するのではなく、1枚ずつ圧締を行う。接着方法は被着材をホットプレスにて表面温度が50℃程度以上となるように加温し、冷圧プレス時と同様に加温した被着材にロールコーターにて接着剤を塗布する。その後すぐに圧締を行うが、通常の冷圧プレスより短い数分間圧締する。

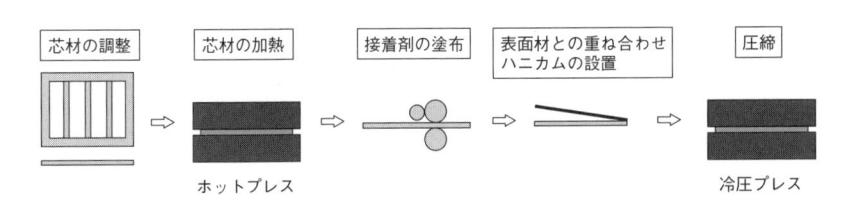

図 5-6-7　部材加熱方式によるフラッシュパネル製造の模式図

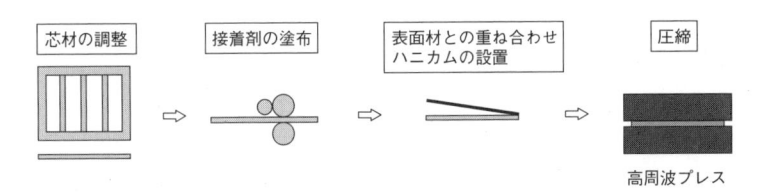

図 5-6-8　高周波接着方式によるフラッシュパネル製造の模式図

b) 高周波接着（図5-6-8）

高周波接着の特徴は、高周波を利用することにより短時間での接着を行うことである。部材加熱方式と同様に1枚ずつ圧締を行うが、通常の冷圧プレスではなく、高周波発信器を備えた専用のプレス機を使用する。作業方法については、冷圧プレス使用時と同様に被着材に接着剤を塗布した後、高周波プレス機にて圧締を行い、その際の圧締時間は数十秒程度である。

c) ハネムーン型接着（分別塗布型接着）

ハネムーン型接着とは、被着材の片面にプライマーを塗布し、他方に主剤を塗布しこれらを重ね合わせることにより接着剤が硬化し接着力を発現するものである。このタイプの接着剤は、主剤とプライマーが接触すると直ちにゲル化するため圧締時間は数十秒程度である。

(7) 縁貼り

縁貼りとは、意匠性を高めるために、フラッシュパネルの側面にプラスチック、単板、突き板などを接着するものである。

一般的には、縁貼りに使用される接着剤は、合成ゴム系接着剤、ホットメルト形接着剤が使用される。合成ゴム系接着剤は溶剤が使用されているタイプが主流であることから、作業面での注意が必要である。合成ゴム系接着剤の使用方法はエマルジョン形接着剤とは異なり、被着材の両面に接着剤を塗布し、接着剤塗布面を指で触っても接着剤が指に転写しない程度まで乾燥させる。その後、被着材を貼り合わせ短時間圧締により接着強さを発現する。このような合成ゴム系接着剤の接着方法をコンタクト接着と呼ぶ。

一方、ホットメルト形接着剤は室温では固体であるが、加熱し溶解した後に塗布し、直ちに貼り合わせることによりホットメルトが冷却されることにより固化し、接着強さを発現する。塗布は専用の塗布機（アプリケータ）にて行い、一連の製造ラインにてホットメルトの溶融、塗布、圧締、面取り、カッティングまでを行う。

● 文　献
1) 重本　充：接着、**26**(9)、p. 28 (1982)
2) 重本　充：接着、**26**(10)、p. 12 (1982)

第7節　WPC

7.1　WPCとは

　近年、循環性社会およびリサイクル社会の構築に向けて各種の取り組みや法制化が進行中であるが、その中でもバイオマス資源、環境、エネルギーをキーワードに環境にやさしい生物材料の有効利用やリサイクル・再利用の重要性が増加している。このような課題にかなう製品の一つに、木粉または植物繊維などの農林水産バイオマス材料と熱可塑性樹脂(プラスチック)から作る複合体があげられる。

　WPCとは、木粉に熱可塑性樹脂(ポリプロピレン、ポリエチレン、ポリ塩化ビニル、およびポリ乳酸など)を混合し、押出し成形、熱プレス成形や射出成形により製造した木材(木粉)プラスチック複合材のことであり、木プラ、ウッドプラスチックとも呼ばれ、英語では wood plastic composites, wood polymer composites, woodfiber polymer composites, wood and biofiber plastic composites と呼ばれている。用途は、外装材としてデッキ・テラスバルコニー、フェンス、ベンチ、ドアのフレーム材、パーゴラなど、内装材としてフローリング材、壁板、窓枠、幅木、手すりなどである。また、自動車の内装材としても使われている。

　WPCは、新しい複合材料として米国、ヨーロッパを中心に20世紀後半から近年にかけ急速に発展し、わが国でも注目されている素材である。WPCは、廃木材や廃プラスチックを利用でき、ホルムアルデヒドなどVOC(volatile organic compound；揮発性有機化合物) 放散の可能性が低く、また使用を終えたWPC製品は再び成形することが可能で、環境調和性とリサイクル性に優れた材料である。

　WPCに関する工業規格は、日本ではJIS A 5741「木材・プラスチック再生複合材」(2006年制定)がある。

　なお、WPCには、上述のような木粉と熱可塑性樹脂を混練後、成形した混練型WPCと、それ以前に開発されたWPCで、木材に樹脂モノマーを含浸後、重合した含浸型WPCがあるが、ここでは前者について述べる。

7.2 WPCの原料

WPCの原料は、木質系材料（フィラー成分）とプラスチック（マトリックス成分）および各種添加剤で構成される。

木質系材料： バージンの木粉、木質廃材（リサイクル木材）、竹材、ワラ、亜麻などの植物繊維など。

プラスチック（熱可塑性樹脂）： ポリプロピレン（PP）、ポリエチレン（PE）、ポリ塩化ビニル（PVC）、ABS樹脂、ポリ乳酸（PLA）など。

添加剤： 親水性の木材と疎水性のプラスチックとの混和促進のため無水マレイン酸変性ポリオレフィン（例えば無水マレイン酸変性ポリプロピレン（MAPP））が相溶化剤として一般に用いられる。その他に、滑剤、難燃剤、顔料、光安定剤、酸化防止剤、抗菌剤、無機塩などが添加される。

7.3 WPCの成形方法

上記の原料を微細に粉砕して配合し、直接成形機中で混合し成形する方法や混練した組成物をいったんペレットにしコンパウンドとしてから成形する方法があり、押出し成形、熱プレス成形、および射出成形によってWPCが製造される。木質成分の割合が多い複合体の製造には、異方向回転型コニカル二軸押出し成形機が用いられる。射出成形では、押出し成形と比較して、より流動性が大きい

図5-7-2 コニカル二軸押出し成形機（成形部分）

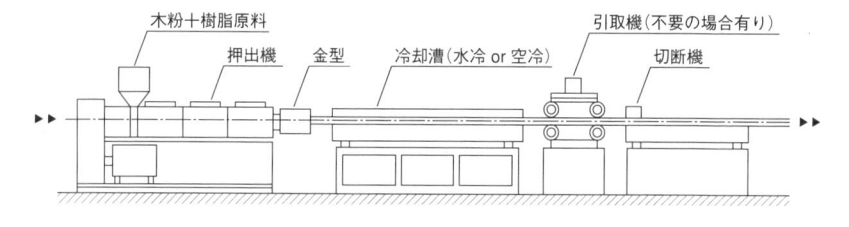

図5-7-1 押出し成形ラインの模式図[1]

混合物が必要である。図 5-7-1 と図 5-7-2 に押出し成形機の模式図[1]とコニカル二軸押出成形機(成形部分)の写真を示す。図 5-7-3 と図 5-7-4 に竹粉・ポリプロピレン押出し複合成形体の曲げ強度[2]と成形製品の写真を示す。

7.4 WPC の分類と特性[3-5]

WPC は、木質系材料とプラスチックの比率によって 3 種類に大別される。

木質材充填率が 30 % 未満の低充填 WPC は、意匠性、耐水性に優れ、プラスチックとしての性質が優れる。30 % 以上 70 % 未満の中充填 WPC は、木材とプラスチックの両方の特徴を持ち、両者の性質に対して中間の程度の性質を示す。70 % 以上の高充填 WPC は、木材の特性を多く持ち、塗装性、接着性に優れ、一般的に内装の用途であるが、合板や PB などの木質材料とちがい、異形成形が可能である。

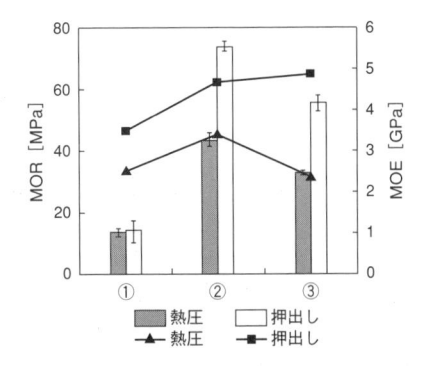

図 5-7-3 竹粉・ポリプロピレン押出し複合成形体の曲げ強度[2]
組成:①竹粉/PP=80/20、②竹粉/PP/相溶化剤(MAPP)=80/20/2、③竹粉/PP/MAPP/滑剤=80/20/2/5、成形条件:熱圧 200 ℃、11 MPa、5 分間;押出し 180 ℃、コニカル 2 軸成形機、棒グラフ、MOR;折れ線グラフ、MOE

図 5-7-4 多様な成形製品

WPC は密度が 1.1〜1.2 g/cm^3 程度であり、木材と比較して高い素材である。木質材の低充填 WPC では、押出し成形において樹脂の発泡化や中空形状の製造により成形物の軽量化を図っている。WPC の耐水性は、プラスチックの含有量に比例して向上し、木材素材より吸水性に対して高い抵抗力を示すが、WPC は木材を含んでいるので時間の経過とともに徐々に吸水して平衡に達する。WPC は、木質材の充填量が増加すると強度と剛性が大きくなるが、たわみ量が少なくなり衝撃に弱く、割れが発生しやすくなる。熱特性については、プラス

表 5-7-1　WPC と木材素材との比較[3]

メリット	プラスチックのように成形が可能である 耐久性が高い(腐食に強い) 吸水速度が遅い 性能が安定している マテリアルリサイクルが可能である
デメリット	釘打ちがしにくい

表 5-7-2　WPC とプラスチック製品との比較[3]

メリット	剛性が高い 熱寸法安定性が高い 木質の質感が高い 耐熱性能が高い
デメリット	意匠の自由度が少ない ゆっくりではあるが吸水する

チック製品と比較して、熱膨張や熱荷重たわみ量が小さくなり優れている(表 5-7-1、2)。

● 文　献

1) 日本木材加工技術協会 関西支部「木材・プラスチック複合体研究会」編："ウッドプラスチックのしおり"、p. 22 (2005)
2) 岡本　忠："木材の科学と利用技術Ⅸ　第 4 分冊「木材接着のこれから」"、日本木材学会編、日本木材学会、p. 86 (2007)
3) 前掲 1)、p. 6-8
4) 高谷政広、岡本　忠："WPC(木材・プラスチック複合材)に関する最近の情報"、第 37 回木材の化学加工研究会シンポジウム講演集、日本木材学会木材の化学加工研究会、p. 19-20 (2007)
5) 高谷政広、岡本　忠："講座　セルロース系材料における基礎と応用　4. 木質プラスチック複合体"、材料、**33**(4)、417-418 (2008)

第 8 節　現場接着

8.1　はじめに

　現在、建築現場施工では必ずと言って良いほど接着剤が使用してされている。これは接着剤を使用した施工が建築現場での流動的な状況にフレキシブルに対応しやすい事や、現場施工を簡便にする事が可能である為である。しかし、接着剤にも色々な種類の接着剤があり、用途によって使用する接着剤の種類も変わる。これから、各建築部位で使用される接着剤の一例を示していく。

8.2　現場で使用される接着剤の特徴

　建築現場で接着剤を使用し施工する場合の配合、塗付、圧締、養生という接着の各工程において、接着作業の為に大がかりな機器を持ち込むことは殆ど出来ない。そこで接着剤として配合は出来るだけ行わない、塗付がし易い、壁面でもたれない、不十分な圧締でも接着が出来る。養生期間が短い、温度に左右されにくいなどの条件を備えた接着剤が使用される。

　また、接着される建築材料も木材だけでなく、金属やプラスチック、無機材料などが組み合わせて使用される異種材料を接着する場合もある。材料は水分や熱により伸縮する性質があるが、異種材料を接着する場合、組み合わせた材料それぞれが異なる伸縮性質を示す。このような場合は接着している接着剤がその伸縮応力を緩和したり押さえ込む働きを持つ。応力が極端に大きい場合、被着材料や接着剤およびその界面で破壊してしまう場合がある。従来の建築では比較的高いせん断力を得る為に比較的硬い硬化皮膜を持つ接着剤が使用されていたが、近年では被着材料の応力緩和を目的に硬化後に伸縮性に富んだ接着剤を使用する事が多くなってきている。

8.3　現場で使用される接着剤の塗付方法

　接着剤を使用する場合、その接着剤にあった塗付量を被着材に塗付する必要がある。しかし、現場で接着する場合、接着剤の塗付量を計測しながら施工することは不可能に近い。そこでクシ目ごてやカートリッジガンを使用して塗付

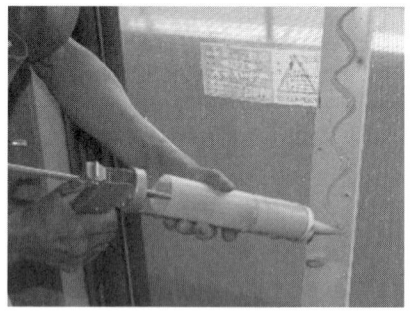

図 5-8-1 接着剤塗布例(左：クシ目ごて使用、右：カートリッジガン使用)

することで一定の塗付量を塗付することを可能にしている。またこれらの塗付方法では少ない塗付量で接着剤を厚く塗る工夫がされており、十分な圧縮が行えない条件で、被着材料同士に隙間が有る状態が生じてもその隙間を充填しながら接着する事を可能にしている。

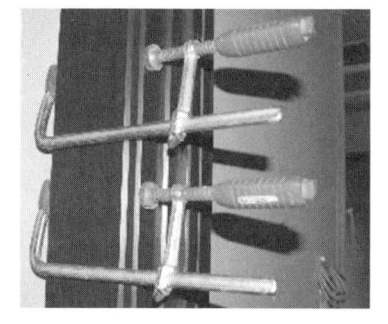

図 5-8-2 簡易的なクランプ圧締例

8.4 壁、床下地工事の接着

一般木造住宅では床下地工事は基礎の工事が終わった後に行われる。大引を施工した後、次に根太を大引きの上に施工する。この根太で床板を直接受ける。通常、根太は釘により固定する。この時、釘と一緒に接着剤を併用すると木瘦せによる釘のゆるみや、隙間の発生の悪影響を受けにくくなり、安定した固定力と床鳴りを防止することが出来る。

また、基礎部(コンクリート)に予め木レンガを接着しそれに根太や胴縁、巾木、パネル材などを釘止めや接着剤で接着する場合がある。木レンガを施工することは、内装の仕上げが簡便になる利点がある。木レンガの接着、施工は図 5-8-3 に示す。接着剤は高粘度マスチックタイプが使用され、一般的には酢酸ビニル系の接着剤が使用される。また、接着面が湿潤している条件の場合、酢酸ビニル系の接着剤では接着出来ないことからその場合はエポキシ樹脂系の接着剤が使用される。木レンガに使用される接着剤は高粘度で塗付後垂れにくい

第 8 節　現場接着

タイプになっている。これは、木レンガ自体は壁面に施工する事もあり接着後木レンガが動き、下がって来ることを予防する為である。

　大引や木レンガへ根太の施工を行った後、その上に合板の捨て貼りを行い、フロアーを施工するが釘と接着剤を併用して施工する（図 5-8-4）。接着剤は主にマスチックタイプのアクリル樹脂エマルジョン形の接着剤やウレタン樹脂系接着剤を使用し施工する。接着剤を使用することで床が根太に対して一体化し（根太面と床材とが面で固定されることから）床自体の剛性が上が

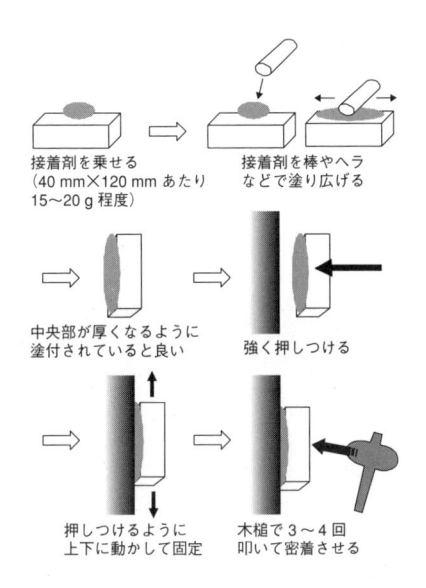

接着剤を乗せる
（40 mm×120 mm あたり 15～20 g 程度）

接着剤を棒やヘラなどで塗り広げる

中央部が厚くなるように塗付されていると良い

強く押しつける

押しつけるように上下に動かして固定

木槌で 3～4 回叩いて密着させる

図 5-8-3　木レンガの接着剤施工例

酢酸ビニル樹脂エマルジョン形は床なりの原因となるので使用しない

一般的にウレタン系、水系アクリルエマルジョン系の接着剤が使用される

カートリッジガンタイプの接着剤

ビード状に塗布

小根太

カートリッジガンタイプの接着剤を塗布する

捨て貼り合板

釘

接着剤塗布後、捨て貼り合板を貼り釘で固定する。接着剤を使用することで固定面積が広がり床下地自体の剛性が上がる。

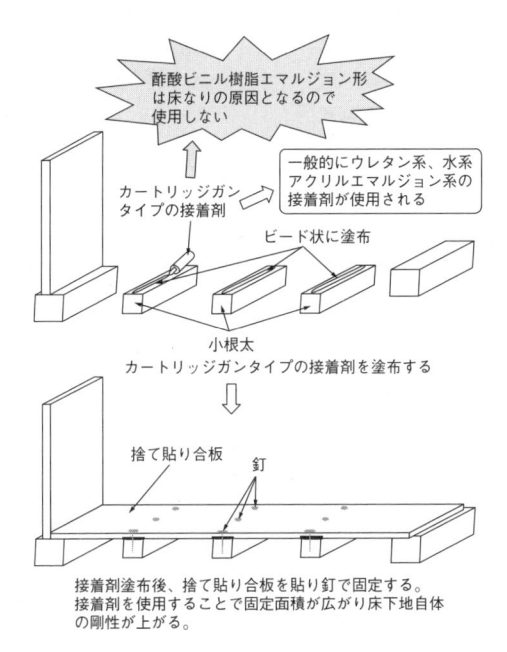

図 5-8-4　捨て貼り施工例

表 5-8-1　木質フロアー構造の違いによる塗付方法、接着剤種類[00]

フロアーの構造	塗付方法	接着剤種類
直張り用フロアー	クシ目ごてによる全面塗付	ウレタン樹脂系 エポキシ樹脂系
それ以外のフロアー	カートリッジガン等によるビード塗付	ウレタン樹脂系 アクリル樹脂エマルジョン系

図 5-8-5　直張り接着施工例　　　図 5-8-6　直張り用フロアー施工例

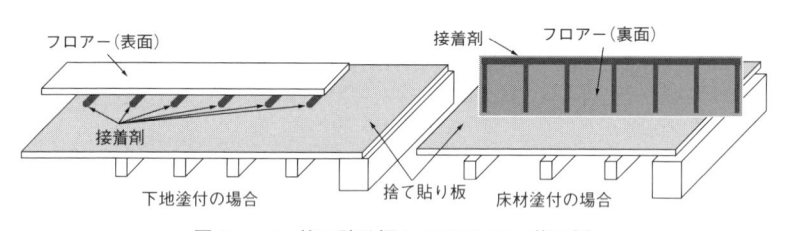

図 5-8-7　捨て貼り板上へのフロアー施工例

るメリットがある。また木痩せによるキシミや床なりを低減する効果がある。但し、酢酸ビニル樹脂エマルジョン形の接着剤を使用してしまうとその接着剤のもつ粘着性によって床なりの原因となることから一般的には使用されない。

8.5　木質フロアー床仕上げ工事の接着

　床仕上げ工事の場合、床下地構造や木質フロアーの種類により接着施工方法が変化する（**表 5-8-1**）。従来は酢酸ビニル樹脂エマルジョン形接着剤を用いて木質フロアー施工することもあったが、床鳴りが発生しやすい為、現在ではウレタン樹脂系やエポキシ樹脂系接着剤が主に使用される。

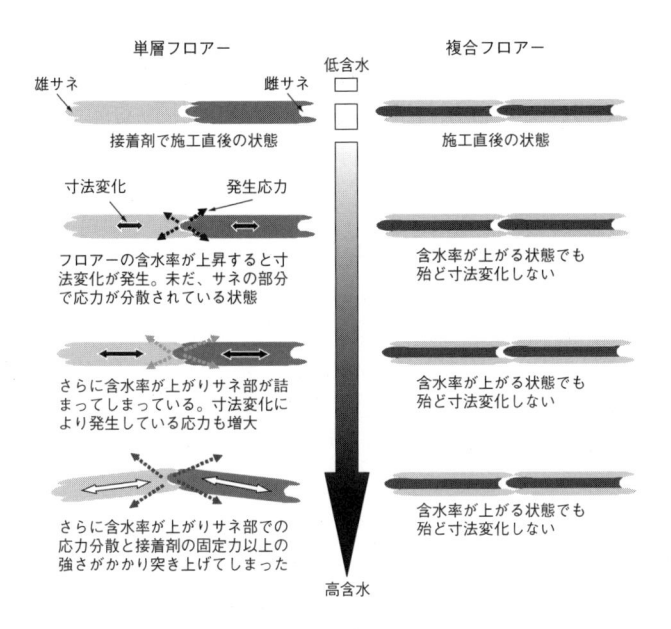

図 5-8-8　含水率変化による各フロアーの寸法変化

　コンクリート下地に直接フロアーを施工する場合は直張り用フロアーを使用する。この工法はコンクリート下地に接着剤を全面塗付し、その上にフロアーを施工していく。

　フロアー下地が根太や捨て張りの場合、釘打ちと接着剤の併用工法によるフロアー施工がよく用いられる。この場合、接着剤はビード状に塗付する。

　フロアーの種類によって使用に適した接着剤が変わるがこれはフロアーの性質と被着材(裏打ち材)との相性が影響している。**図 5-8-8** は実際のフロアーを高温多湿化で養生したときの変化を示している。複合フロアーは殆ど変化していないが、単層系フロアーは寸法変化が起きサネ部が詰まった状態になる。寸法変化から発生する応力によって接着強さの限界を超えると突き上げなど剥離の原因となる。

8.6　内装・造作工事の接着

　内装・造作工事は内装の意匠性を上げるために行われる。この工事にも接着

剤を使用している。例えば框(かまち)や階段の踏み板、まわり縁、胴縁、巾木などがある。これらを施工する場合に使用する接着剤は接着施工後すぐに被着材を固定する事が要求される。その為、接着後比較的早い段階で固定可能な溶剤ゴム系、ホットメルト系、簡易的なクランプを用いて圧締することで酢ビ系の接着剤が使用されることが多い。

8.7 最後に

建築現場施工では数多くの接着剤を使用して木材等を接着施工している。この接着剤は各材料同士を固定するのみでなく、接着以外での性能も向上させるメリットがある。今後は、健康、環境、安全性がより重要な性能になっていくと考えられる。

第6章　木材接着と環境・健康問題

第1節　木質材料とVOC

　室内空気中の化学物質に起因する、いわゆる「シックハウス症候群」が社会問題となっており、建築物や住宅室内における化学物質気中濃度の低減化が求められている。実際の居室内では様々な化学物質発生源が存在するが、建材や家具などに使用される木質材料もその一つに挙げられる。木質建材や接着剤からの化学物質の放散については、従来、木材用接着剤に使用されるホルムアルデヒドが対象となってきたが、現在はこれに加えて、VOC（volatile organic compound；揮発性有機化合物）が注視されている。様々なVOC測定法が確立され、建材のVOC放散実態の把握が進んでいる中、建材からのVOC放散量の低減化や製品のVOC放散に関する情報開示が求められてきている。

1.1　VOCについて

　VOCという用語は、居住環境や建材のみならず、例えば大気汚染、自動車室内環境など様々な分野で使用されることもあり、それぞれに定義が異なる場合もある。室内環境に関しては、世界保健機関（WHO）による分類が一般的であ

表6-1-1　WHOによる室内有機汚染物質の分類[1]

名　称	略　称	沸点範囲（℃）
高揮発性有機化合物	VVOC	<0～ 50-100
揮発性有機化合物	VOC	50-100～240-260
準揮発性有機化合物	SVOC	240-260～380-400
粒子状物質	POM	<380

る。WHOは室内の汚染物質を沸点によって、VVOC(very volatile organic compound；高揮発性有機化合物)、VOC、SVOC(semi volatile organic compound；準揮発性有機化合物)、POM(particulate organic matter；粒子状物質)の4種類に分類している(**表6-1-1**)[1)]。VOCは沸点の2番目に低いグループとなり、溶剤に用いられるようなトルエンやキシレン、あるいは木材由来の成分であるα-ピネン、リモネンなどの化学物質が属する。この分類に基づくと、ホルムアルデヒドはVVOCに属することになる。

また、空気中のVOCの総量を表すものとして、TVOC(total volatile organic compound；総揮発性有機化合物)がある。TVOCについては、様々な定義や考え方がある[2)]。一般的には空気汚染の一つの目安として、また建材からのVOC放散をスクリーニングする際の指標とするような考え方が用いられる。TVOCの数値そのものの評価には、例えば木材由来の成分と工業的に添加した化学物質とを区別して考えるのかどうかなど、整理すべき課題が残る。

1.2 国内の規制や取り組み

シックハウス対策を主眼とした、空気質改善に向けた取り組みが国内の各省庁で行われている。厚生労働省は、1997年のホルムアルデヒドを始めとして、2002年までに段階的に13種類の化学物質の室内濃度指針値を策定している[3)](**表6-1-2**)。いずれの指針値も各物質の毒性指標に基づいて算出されたものである。また、TVOCについては暫定目標値として策定している。これらの指針値は、各省庁や業界団体などにおいてVOCに関する対策を行う場合に、安全性を示す一つの指標として引用されることが多い。例えば、文部科学省では学校環境衛生の基準[4)]の中で、ホルムアルデヒド、トルエンなど6物質の教室内などの濃度を厚生労働省指針値以下に維持するよう推奨している。また自治体レベルでも、シックハウス対策のガイドラインの設置や公共建築物の実態調査など、様々な取り組みがなされている。

一方、国土交通省は、2002年に建築基準法を一部改正し、ホルムアルデヒドとクロルピリホスを規制の対象化学物質とした。ホルムアルデヒドに関する規制の内容は、(1)内装の仕上げの制限(居室の種類及び換気回数に応じて、内装仕上げに使用するホルムアルデヒドを発散する建材の面積制限を行うもの)、(2)

表6-1-2　厚生労働省の室内濃度指針値[3]

物　質　名	室内濃度指針値
ホルムアルデヒド	100 μg/m^3 （0.08 ppm）
トルエン	260 μg/m^3 （0.07 ppm）
キシレン	870 μg/m^3 （0.20 ppm）
パラジクロロベンゼン	240 μg/m^3 （0.04 ppm）
エチルベンゼン	3,800 μg/m^3 （0.88 ppm）
スチレン	220 μg/m^3 （0.05 ppm）
クロルピリホス	1 μg/m^3 （0.07 ppb）
フタル酸ジ－n－ブチル	200 μg/m^3 （0.02 ppm）
テトラデカン	330 μg/m^3 （0.04 ppm）
フタル酸ジ－2－エチルヘキシル	120 μg/m^3 （7.6 ppb）
ダイアジノン	0.29 μg/m^3 （0.02 ppb）
アセトアルデヒド	48 μg/m^3 （0.03 ppm）
フェノブカルブ	33 μg/m^3 （3.8 ppb）
総揮発性有機化合物（TVOC）（暫定目標値）	400 μg/m^3

表6-1-3　ホルムアルデヒド発散建築材料の区分[5]

ホルムアルデヒドの発散速度*1	告示で定める建築材料*2		内装の仕上げの制限*3
	名　称	対応する規格	
120 μg/m^{2}h 超	第一種ホルムアルデヒド発散建築材料	JIS、JASの旧E2、FC2、無等級	使用禁止
20 μg/m^{2}h 超 120 μg/m^{2}h 以下	第二種ホルムアルデヒド発散建築材料	JIS、JASのF☆☆	使用面積を制限
5 μg/m^{2}h 超 20 μg/m^{2}h 以下	第三種ホルムアルデヒド発散建築材料	JIS、JASのF☆☆☆	
5 μg/m^{2}h 以下		JIS、JASのF☆☆☆☆	制限なし

*1　測定条件：温度28℃、相対湿度50％、ホルムアルデヒド濃度100 μg/m^{2}h（厚労省指針値）
*2　平成14年国土交通省告示1113号、1114号、1115号
*3　建築物の部分に使用して5年経過したものについては、制限なし

換気設備の義務付け（全ての建築物に機械換気設備の設置を義務付け）、(3)天井裏等の制限（下地材をホルムアルデヒドの発散の少ない建材とするか、機械換気設備を天井裏等も換気できる構造とする）の3項目となっている。

　これを受けて、木質材料にとっては直接的に影響がある、合板などの日本農林規格（JAS）と木質ボード類の日本工業規格（JIS）が2003年に改正された。ホルムアルデヒド放散量区分の表示が変更されるとともにさらに放散量の低い等

級 F☆☆☆☆ が制定された。国土交通省告示に定めるホルムアルデヒド発散材料の区分と JIS・JAS のホルムアルデヒド放散等級について**表6-1-3**に示す[5]。

このような情勢の中で、木質建材についても低ホルムアルデヒド化が進められてきた。その一例として、**図6-1-1**にパーティクルボード

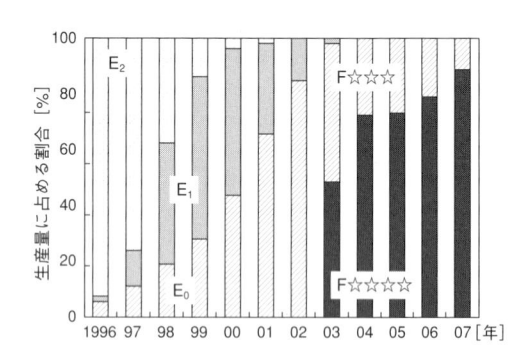

図 6-1-1 パーティクルボードのホルムアルデヒド放散等級ごとの総生産量に占める割合の推移 [6, 7]

の総生産量に対するホルムアルデヒド放散量区分ごとの割合の推移を示す[6,7]。1996 年には、パーティクルボードの総生産量のうち、放散量の最も高い区分の E_2 製品(デシケーター値 5.0 mg/L 以下)が 90 % 以上を占めていた。しかし、厚生労働省がホルムアルデヒドの室内濃度指針値を策定した 1997 年以降、E_2 製品の生産量は急激に減少し、代わって E_1 製品が急増し始めた。そして、前述したように JIS が改正された 2003 年以降は、さらに放散量の低い等級である F☆☆☆☆製品が増加している。パーティクルボードの F☆☆☆☆製品の生産量は、2007 年には総生産量の 80 % 以上を占めるまでになっている。他の木質系建材についても同様の対応がみられ、社会的な要求に対応して E_2 から F☆☆☆☆へホルムアルデヒド対策が急速に進んできた。

しかし、シックハウスの原因となる化学物質は、ホルムアルデヒドのみならず多種にわたることや、消費者の建材の安全性への要求の高まりなどを受けて、木質材料だけでなく建築材料全般に対して、VOC 放散量低減化が求められてきている。

1.3　材料からの VOC 放散

一定量の換気が行われている空間に材料が設置された状態において、材料からの VOC 放散は、単位時間、単位面積当りの VOC 放散量である放散速度で表すことができる。VOC 放散速度は、定常状態およびバックグラウンド濃度(導

入空気の化学物質濃度)が無視できる状態では、以下の式で表される。

$$E = C \times \frac{Q}{S} = C \times \frac{n}{L} \qquad (6\text{-}1\text{-}1)$$

ここで、E は放散速度 [μg/m²h]、C は気中濃度 [μg/m³]、Q は換気量 [m³/h]、S は材料の放散面積 [m²]、n は換気回数 [回/h]、L は試料負荷率 [m²/m³] である。

1.4 VOC 放散量の測定

従来、木質材料から放散される化学物質の測定法として、ホルムアルデヒドのみを対象にデシケーター法[8]が用いられている。現在では、ホルムアルデヒドに加え、VOC も測定対象とするための様々な測定法が規格化されている。

(1) 小形チャンバー法

建築材料の VOC 測定法として小形チャンバー法[9]が規格化されており、国内では主流となっている。小形チャンバー法の主な試験条件を **表 6-1-4** に示す。

従来のデシケーター法が密閉空間であるのに対して、小形チャンバー法では一定の換気が行われるという特徴があり、実環境に比較的近い試験条件と言える。チャンバーの容積は表に示すような範囲で選択できるが、木質材料に関しては 20 L 容積のチャンバーがよく用いられている。

図 6-1-2 に小形チャンバー法の概念図を示す。ここでは、一般的な手順について簡単にまとめる。チャンバーに導入する空気は、測定精度を維持するためにもできる限り清浄に保つ必要がある。導入空気が汚染されていると

表 6-1-4 小形チャンバー法(JIS A 1901)の主な試験条件

チャンバー容積	20~1000 L
温度	28±1 ℃
相対湿度	50±5 %
換気回数	0.5±0.05 回/hour

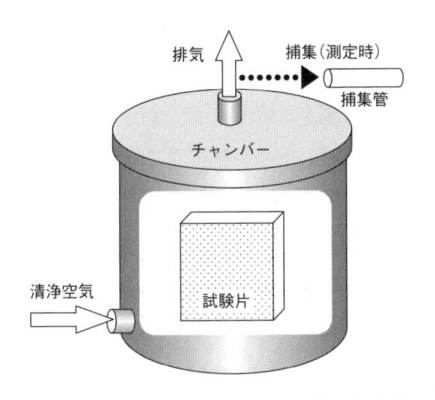

図 6-1-2 JIS 小形チャンバー法の概念図

材料からの放散にも影響を及ぼしうる。一方、チャンバー出口側では、換気量を制御して換気回数を調整する。試験片は、通常、表面からのみの放散を対象とするため、端面や化粧板などの裏面は、アルミテープなどを用いてシールする。シール材のVOC放散についても予め把握しておく必要がある。

チャンバー内の空気の捕集はチャンバー出口で行う。チャンバー出口に捕集管を付け、測定用のポンプを用いて所定量の試料空気を捕集する。捕集管として、アルデヒド類には2,4-ジニトロフェニルヒドラジン(DNPH)カートリッジを、VOCには炭素系、合成樹脂系などの捕集剤を充填したものを用いる。VOCの捕集管には様々な種類[10]があり、試験目的や対象とする化学物質の種類によって使い分けることができる。

測定期間は通常3～4週間であり、試験を開始後1、3、7日などのように経時的に測定を行い、放散速度の減衰傾向を把握するのが一般的な手順である。試験目的によっては、測定間隔や測定期間を適宜変更することが可能である。

捕集管に採取された化学物質の分析について、DNPHカートリッジに捕集されたアルデヒド類については、アセトニトリルで溶脱した後、高速液体クロマトグラフィーを用いて分析する。この手法は、従来デシケーター法で行っているホルムアルデヒドの分析手法と比較すると、時間と手間を要するものとなっている。VOCについては溶媒脱離もしくは加熱脱着装置などを用いた前処理を行った後、ガスクロマトグラフィー質量分析装置を用いて分析する。分析によって得られた各化学物質の質量と空気捕集量からチャンバー内気中濃度を算出する。そして、気中濃度と各試験条件から(6-1-1)式を用いて、試験体の各化学物質の放散速度を求める。

VOCの測定に際しては、試験体作成から放散試験までの作業工程を通じて、他の化学物質の汚染を防ぐことが重要となる。作業環境にもよるが、例えば、試験体の輸送や保管に際しては、他の材料と直接接触しないよう密封する、作業には実験用手袋を着用するといったような配慮が必要である。

(2) その他の測定法

小形チャンバー法以外にも、ホルムアルデヒド・VOC放散量を測定する方法がある。JIS大形チャンバー法[11,12]では、建材に加え、家具や住宅機器を実大のまま測定することが可能である。また、小形チャンバー法よりも簡易な方法

第 1 節　木質材料と VOC

を目指したパッシブ法[13]もある。その他、化学物質に対する材料特性を評価する手法として、建材の化学物質濃度低減性能の評価方法[14-16]や、VOCよりも沸点の高いグループであるSVOCの測定方法[17]がJISに制定されている。いずれの試験方法も分析手順まで含めて考えると汎用的で簡易な方法とは言い難いが、木質材料のVOCに関する様々な特性を評価することが可能である。

1.5　VOC放散特性（小形チャンバー法による測定）

小形チャンバー法が規格化されたこともあり、木材素材や各種木質材料のVOC放散量やその種類などの放散特性を評価した研究が進められている。

小形チャンバー法の測定では、一般的に材料のVOC放散速度は時間の経過とともに減少していく傾向を示す（図6-1-3）[18]。VOCの場合、放散試験開始後から放散速度は急速に減衰し、以降は漸減するもしくは一定になる傾向を示すことが多い。一方で、原因は明らかではないが、放散速度が時間とともに増加するもしくは試験開始後から一定のまま推移する事例もあることから[18]、材料の放散速度を評価する場合には、経時的に測定を行い、その変化の挙動を把握することが重要である。

放散VOCの種類や量につ

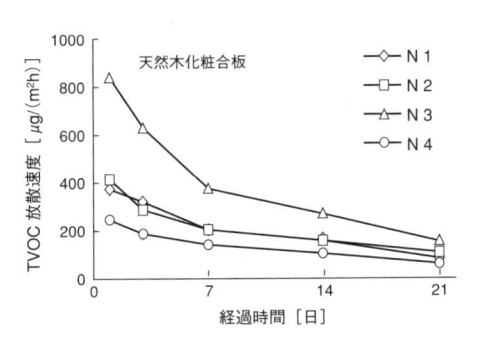

図6-1-3　天然木化粧合板のTVOC放散速度の経時変化（小形チャンバー法による測定）[18]
（表面化粧　N1：ウレタン樹脂、N2：ポリエステルアクリレート樹脂、N3：アクリルウレタン樹脂、N4：UV硬化型アクリル樹脂）

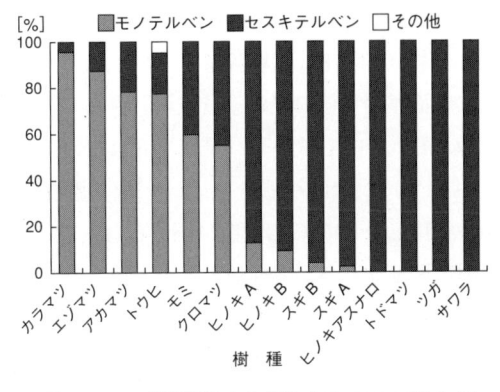

図6-1-4　針葉樹材から放散するVOCの割合[19]

いて、例えば、木材素材の場合、放散されるVOCの種類は、針葉樹と広葉樹でも異なり、また、樹種によっても異なるとされる。図6-1-4は、小形チャンバー法によって測定された針葉樹材から放散されるVOCの種類について示したものであり、樹種によってモノテルペンとセスキテルペンの割合が異なることが分かる[19]。また、広葉樹材からは、酢酸や高級アルデヒド類などが放散されること、TVOC放散量も樹種によって異なることも明らかとなっている[19,20]。

また、表面化粧材料を小形チャンバー法で測定した場合は、表面材に使用された塗料などに含まれる成分の放散が顕著に表れ、VOC放散特性には表面材の種類が大きく影響することが明らかとなっている[18]。

さらに材料からのVOC放散は、様々な環境条件の影響を受けると考えられる。従って、実際に各種の放散速度のデータを比較する際には、例えば、木材素材については部位や加工条件など、木質材料については製造条件や養生条件など、材料が受けた履歴についても十分把握することが必要である。

1.6 建材のVOC放散表示制度

前述のように、建材のVOC放散速度はチャンバー法などで測定できるものの、その測定結果を評価する上での判断基準が必要となる。その指標の一つとして、建材からのVOC放散速度基準[21]が制定されている。対象となるVOCは、厚生労働省指針値に策定されている化学物質のうち、4種類(トルエン、キシレン、エチルベンゼン、スチレン)である。それぞれの物質について、放散速度の基準値が定められている(表6-1-5)。基準値は、一定の条件(温度28℃、換気回数0.5回/h、試料負荷率3.4 m^2/m^3(対象資材が室内全面に施工され、さらに床面積の3倍の量の家具が設置されている条件))と厚生労働省室内濃度指針値から(6-1-1)式を用いて算出されている。材料がこの基準値を満たしているかどうかは、JIS小形チャンバー法の測定値(7日目)で判断される。この基準値を引用した4VOCの放散に関する自主表示制度が、建材、接着剤、塗料、化粧材に関連する各業界団体などで運用されて始めている。いずれも製品、荷口単位ごとなどに表示されることとなっており、設計・施工者、消費者などが建材を選定するときに共通した判断材料とするための有用なシステムとして普及していくと考えられる。

今後も消費者からの木質材料・建材の安全性に対する要求は高いことが予想され、様々な視点からVOC対策に取り組んでいくことが重要である。

表 6-1-5　建材からの VOC 放散速度基準値[21]

対象 VOC	略記号	放散速度基準値 ($\mu g/m^2 h$)
トルエン	T	38
キシレン	X	120
エチルベンゼン	E	550
スチレン	S	32

● 文　献

1) World Health Organization：Indoor air quality—organic pollutants, Euro reports and studies 111 (1987)
2) 田辺新一：木材工業、**60**(11)、p. 609-612 (2005)
3) 厚生労働省：シックハウス(室内空気汚染)問題に関する検討会中間報告書—第8回〜第9回のまとめについて (2002)
4) 文部科学省：学校環境衛生の基準 (2007)
5) 国土交通省住宅局建築指導課ほか編："木造住宅のシックハウス対策マニュアル"、工学図書株式会社、p. 24 (2003)
6) 日本繊維板工業会："ファイバーボード・パーティクルボード"、No. 119 (2002)
7) 日本繊維板工業会："ファイバーボード・パーティクルボード"、No. 125 (2008)
8) JIS A 1460：建築用ボード類のホルムアルデヒド放散量の試験方法—デシケーター法、日本規格協会 (2001)
9) JIS A 1901：建築材料の揮発性有機化合物(VOC)、ホルムアルデヒド及び他のカルボニル化合物放散測定方法—小形チャンバー法 日本規格協会 (2003)
10) 村上修三監修：シックハウス対策に役立つ小形チャンバー法解説、p. 96、日本規格協会 (2003)
11) JIS A 1911：建築材料などからのホルムアルデヒド放散測定方法—大形チャンバー法、日本規格協会 (2006)
12) JIS A 1912：建築材料などからの揮発性有機化合物(VOC)、及びホルムアルデヒドを除く他のカルボニル化合物放散測定方法—大形チャンバー法、日本規格協会 (2008)
13) JIS A 1903：建築材料などからの揮発性有機化合物(VOC)のフラックス発生量測定方法—パッシブ法、日本規格協会 (2008)
14) JIS A 1905-1：小形チャンバー法による室内空気汚染濃度低減材の低減性能試験法—第1部：一定ホルムアルデヒド濃度供給法による吸着速度測定、日本規格協会 (2007)
15) JIS A 1905-2：小形チャンバー法による室内空気汚染濃度低減材の低減性能試験法—第2部：ホルムアルデヒド放散建材を用いた吸着速度測定、日本規格協会 (2007)

16) JIS A 1906：小形チャンバー法による室内空気汚染濃度低減材の低減性能試験法――一定揮発性有機化合物(VOC)、及びホルムアルデヒドを除く他のカルボニル化合物濃度供給法による吸着速度測定、日本規格協会 (2008)
17) JIS A 1904：建築材料の準揮発性有機化合物(SVOC)の放散測定方法—マイクロチャンバー法、日本規格協会 (2008)
18) 宮本康太ほか：木材工業、**60**(10)、p. 489-494 (2005)
19) 独立行政法人森林総合研究所編著：シックハウスと木質建材、(財)林業科学振興所、p. 57-73 (2004)
20) 塔村真一郎ほか：森林総合研究所研究報告、**4**(2)、p. 145-155 (2005)
21) 建材からのVOC放散速度基準化研究会、建材からのVOC放散速度基準 (2008)

第2節　リサイクル（廃材利用）

2.1　はじめに

　地球温暖化の観点から、バイオマス資源の中で最も大量に存在する木材を有効に、長期間利用し、地球温暖化ガスの一つであるCO_2を固定しておくことは大変重要なことである。材料としての利用した後、燃焼または腐朽等により大気中へCO_2放散、光合成によるCO_2の吸収、樹木としての炭素固定という大きな循環の中で、木材は再生される。この資源を枯渇させることなく、うまく利用していくことは人類にとって大変重要なことである。また、一方では建築廃棄物等の再利用・再生利用という小さな循環の中で、できるだけCO_2を大気中に放散することなく長期間利用し、その後再利用・再生利用していくことも非常に重要である。そういった意味では、木材や木質材料をすぐに燃やしてエネルギーを得る（サーマルリサイクル）のではなく、材料としてのリサイクルを行った後、材料として利用できなくなったものをサーマルリサイクルすること（カスケード型利用）が理想的である。マテリアルリサイクルかサーマルリサイクルかについては、材料の回収、集積からそのリサイクル、利用、廃棄の全ての課程においてCO_2等の地球温暖化ガスや有害物質の排出、エネルギー収支等全ての地球への負荷を評価するライフサイクルアセスメント（LCA）に委ねなければならない。一方的にどちらかのリサイクルを行うのではなく、その状況に合わせ、木材資源が枯渇することのないように、バランス良く、適正な循環を利用続けていくことが重要であると考える。

　また、これまでは複合化による高性能化が追求されてきた接着技術も、今後は高性能化に加えて再生・再利用が容易な接着・複合化技術が求められる。

　近年、地球環境問題等から循環型社会の形成が叫ばれるようになり、その法体系が整備された。循環型社会形成推進基本法が2001年1月に完全施行され、廃棄物の適正処理を謳った廃棄物処理法とリサイクルの推進を謳った資源有効利用促進法が2001年4月から完全施行されている。個別物品の特性に応じた規制としては、家電リサイクル法、容器包装リサイクル法などいくつかあるが、木材、木質材料の再利用・再生利用に関係するものとして、建設リサイクル法

表 6-2-1　特定建設資材の目標再資源化率、再資源化等率と 2005 年度実績[1]

	2005 年度 実績値（%）	2005 年度 目標値（%）	2010 年度 目標値（%）
建設発生木材の再資源化率	68.2	60	65
建設発生木材の再資源化等率	90.7	90	95
アスファルト・コンクリート塊の再資源化率	98.6	98 以上	98 以上
コンクリート塊の再資源化率	98.1	96 以上	96 以上

（通称）が 2000 年 5 月に公布され、2001 年 5 月 30 日から完全施行されている。

これによると、一定規模以上の建築物の解体、新築・改築等にあたっては分別解体と再資源化が義務づけられている。特に木材、コンクリート・アスファルト塊、アスファルト塊が特定建設資材に定められ、2010 年（平成 22 年）におけるこれらの目標再資源化等率は 95％に掲げられた。その後若干修正され、2005 年度の目標値が示されると共に、建設発生木材に関しては再資源化率と再資源化等率の二つの目標値に分けられた（**表 6-2-1**）。

なお、再資源化等率には再資源化量に加えて、縮減量も含まれる。

$$再資源化率 = \frac{再資源化量}{建築廃棄物として排出された量} \qquad (6\text{-}2\text{-}1)$$

$$再資源化等率 = \frac{再資源化量＋縮減量}{建築廃棄物として排出された量} \qquad (6\text{-}2\text{-}2)$$

2.2　建設リサイクル法とリサイクルの現状

循環型社会の形成が叫ばれるようになり建設廃棄物の総排出量は、国土交通省の 5 年毎（2002 年は変則）の調査[1]によると、1995 年度の 9,910 万トンから 2005 年度には 7,700 万トンに減少している。また、その再資源化等率は 1995 年度の 58.2％から 2005 年度には 92.2％と大きく上昇している。最終処分量は建設廃棄物全体で 1995 年度の 4,150 万トンから 2000 年度には 1,280 万トンと大幅に減少し、その後 2002 年度には 700 万トン、2005 年度には、600 万トンと減少傾向にある。

木材関係については 1995 年度の排出量の 630 万トンから 2000 年度には 480

万トンに減少しているが、その後は2002年度の460万トン、2005年度の470万トンと横ばい状態である。木材関係の最終処分量は1995年度の390万トンから2000年には80万トンに激減し、その後2002年には50万トン、2005年度には40万トンと減少している。

建設発生木材の発生量と再資源化等の量およびその比率を図6-2-1に示す。上記の通り、発生量は減少傾向にあり、再資源化量は増加してきている。2005年には再資源化率は68.2％に達し、縮減量を含めた再資源化等率は90.7％に至っている。

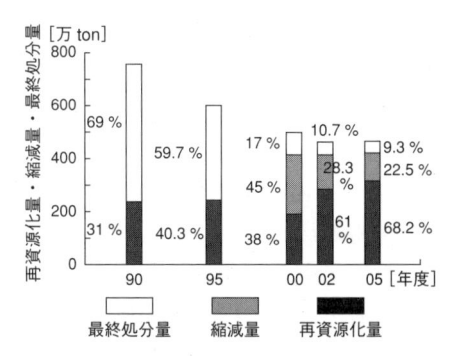

図6-2-1 建設発生木材の量とその再資源化量、縮減量、最終処分量及びその比率[1]

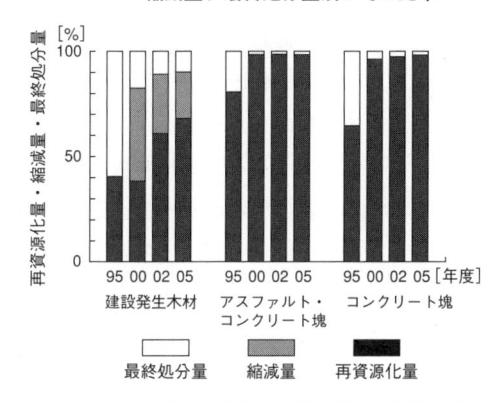

図6-2-2 建設廃棄物特定物質の品目別再資源化率等の推移[1]

他の2つの特定建設資材の再資源化率(図6-2-2)はアスファルト・コンクリート塊の場合には1995年度の81％から2000年度には98％に達し、すでに2010年の目標(98％)を超えている。コンクリート塊の場合もほぼ同様の傾向を示し、1995年度の65％から2000年度には96％と増加し、やはり2010年の目標(96％)を達成している。これに対し、木材再資源化率は1995年度から2000年度までは伸び悩んでいた。2002年度からは増加を始め、2005年度には2010年度の再資源化率の目標(65％)を達成した。残るは最終目標値である2010年度の再資源化等率の95％である。

2.3　木材のリサイクル

(1)　再利用・再生利用(リユース、リサイクル、リデュース)

　資源有効利用促進法に「3R」、すなわち、リユース、リサイクル、リデュースが謳われている。

　一般住宅から発生する解体材のリユースは比較的大きな断面をもつ古材の他はほとんど行われていない。その理由は小断面(105 × 105 mm 程度)であること、付着物、欠き込み、断面欠損が多いこと、また面材料などは無傷で回収することが困難であること、再利用自体採算が合わないこと等による。枠組壁工法では軸組構法に比べ、断面欠損が少なく、断面形状が定まっているので、適切な取り出し方法が開発されればリユースの可能性はある。

　木材のリサイクルにおいては大きなものから小さなものへと段階的に何回も利用するカスケード型利用が望ましいとされている。建設リサイクル法ではマテリアルリサイクルの方がサーマルリサイクルより優先されており、建築解体材、パレット、コンクリート型枠合板等はその多くは現在ボード類等に再生利用(リサイクル)されている。しかし、最近では木材チップを利用した発電等が盛んになり、市場では木材チップ不足が大きな問題になっている。

　さて、木材を建材等として利用する場合には燃える、腐る、狂うという欠点があるが、これは廃棄物処理の分野においては長所となる。木質廃棄物のリデュースでは焼却により熱エネルギーを取り出すことが可能で、腐朽させることにより減量でき、肥料(土地改良材)等としても利用できる。自然界で腐朽しなくて困っているプラスチック類のことを考えるとすばらしい材料である。また、防腐、防虫、防蟻処理、難燃化処理、耐侯性の付与等による木材の長寿命化も二酸化炭素を固定するという意味では一時的にはリデュースに繋がる。

(2)　木質ボード類へのリサイクル

　木質系廃棄物の最も一般的な再生利用はパーティクルボード(PB)の製造である。現在では建築解体材(柱類、板類等の Solid wood や集成材、合板)、輸送用パレット、コンクリート型枠合板等は PB 用原料として工場で再生利用されている。製造工程における異物の除去等これらの製造技術はほとんど確立されており、製造された PB は市販されている。しかし、構成エレメントが小さく、かつ製造時に大きな圧縮変形を受けている PB や、ファイバーボード(FB)は再

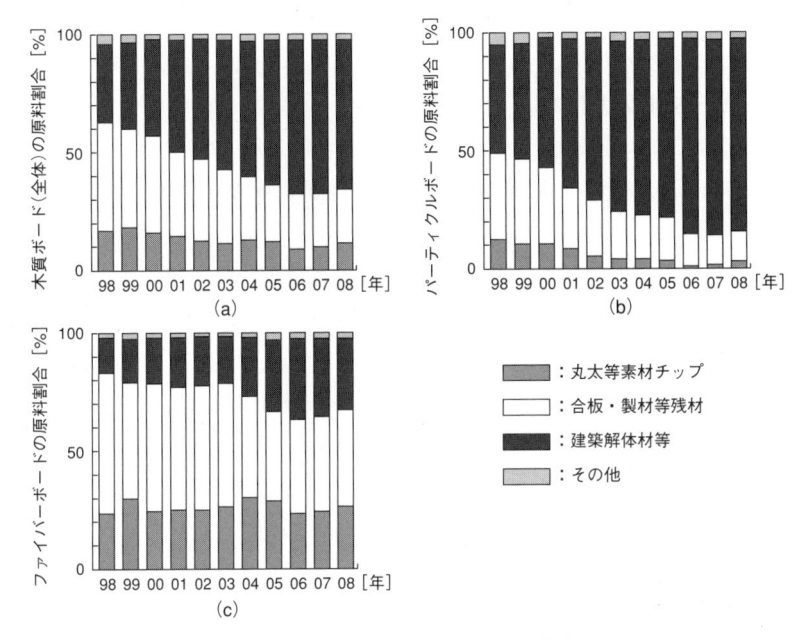

図 6-2-3 ボード類の原料割合推移[2]
(a)ボード全体、(b)パーティクルボード、(c)ファイバーボード

生利用には至っていない。

図 6-2-3(a)に示すように、日本繊維板工業会の調査[2]によると、ボード類の原料に占める建築解体材の比率は 1998 年度の 33.2 % から年々増加し、2006 年には 65.2 % に達し、2007、2008 年は横ばいである。PB については特に解体材の比率が高く、2007 年には原料の 82.7 % に達している (図 6-2-3(b))。これに比べ、FB の解体材の利用はそれほど高くなく、2003 年までは原料に占める建築解体材の割合 (図 6-2-3(c)) は 20 % 程度に留まっていた。これは異物の混入により解繊の際に使用する高速回転リファイナーディスクが簡単に破損するため、FB への再生利用は解体材の中でも異物の混入のない上質なものしか利用されないためである。しかし、2004 年から 2006 年にかけては増加し、2006 年には 34.5 % に至っている。

2006 年まではいずれのボード生産においても原料に占める建築解体材等の割合が増加してきたが、2007、2008 年には横ばいかあるいは若干減少している。

これは住宅の建て替え戸数の減少による解体材の減少と、後述するバイオマス発電等との資源争奪戦による木材チップの不足状況の影響によるものであろう。

(3) サーマルリサイクル

前述のように、建設リサイクル法ではサーマルリサイクルよりマテリアルリサイクルが優先されることになっているが、地球規模での温暖化問題、石油の枯渇問題および石油価格の不安定さ等から、バイオマス資源のエネルギー利用、木材のサーマルリサイクルが最近非常に盛んになってきた。サーマルリサイクルとしては主に木くずボイラーによる発電、木質ペレットストーブ[3]、エタノール生産[4]などがある。

木くずボイラーによる発電では、製材工場等で発生する木くずや樹皮等を利用して発電するとともに、発生する熱を木材乾燥等の熱源をして利用するコジェネレーションタイプのものが多い。国(林野庁)や都道府県等の木質バイオマス利活用等の補助事業もあり、この数年の間に急に発展した。

また、木質ペレット(図6-2-4)は直径が6〜10 mm、長さが10〜30 mm程度の円筒状の固形燃料で、粉砕した木くずを円筒形の穴(ダイ)に連続的に押し込み、反対側から押し出されてきた造粒物をカットして製造される。原料がダイを通過する際に発生する摩擦熱により100℃前後になるため木材が可塑化され、成型されると考えられている。現在ではガスや石油に比べ、発熱量当たりの価格が低く、北海道では家庭用ストーブとしても一部利用されている。暖房給湯や温泉、プールなどのボイラーや農業用施設への利用、あるいは石炭との混焼による発電等にも利用されている。2007年における生産量は約33,000 tonであるが、現在大規模なバークペレット工場が2工場予定されており、我が国の生産量は今年度から倍増する。今後、木質ペレットの生産量はさらに増加するものと予想される。

2006年3月にバイオマス・ニッポン総合戦略フェーズ2が閣議決定され、バイオマスを輸送用燃料として利用することが政府の政策として明記された。これによると、先ずはサトウキビ等の国産農産物を利用したエタノール生産を進め、次に木質バイオマスから低コスト高効率なエタノールの生産の技術開発を行うことが示されている。2007年2月に農林水産省が示した工程表に依れば、2010年頃まではサトウキビ、糖蜜等の糖質原料、規格外小麦粉等のデンプ

ン質や建築発生木材を原料としたバイオエタノール生産を行い、2015年頃までには稲わらや製材工場等の残材から、2020年頃までには原料の収集・運搬費用の必要な林地残材からエタノール生産を実用化するとしている。2030年には木質バイオマスからのエタノール生産可能量を200～220万klと試算しており、目標生産コストを100円/lと定めている。

図6-2-4　木質ペレット

　世界のバイオエタノール生産はブラジル(2005年の生産量：1,670万kl)とアメリカ合衆国(同：1,500万kl)が群を抜いており、EU諸国でも20～30万kl(2005年)生産されているが、同年における日本の生産量はわずか30klに過ぎない。現在、岡山県真庭市や沖縄県宮古島など、全国6カ所でエタノール混合ガソリンの実証試験が行われており、首都圏でも50カ所でエタノール混合ガソリンの試験販売が行われている。

　発酵による木質バイオマスからのエタノール生産は、木質バイオマスの収集・運搬、粉砕、乾燥、脱リグニン前処理、糖化、発酵、蒸留・脱水の工程で行われる。まだ研究段階にあるものも多く、詳しくは文献や今後の研究報告を参照されたい。

(4) 新たなリサイクルの試み

a) 破砕片の軸材、面材への再生利用

　PBの場合にはチップをさらに小さくしたパーティクルをエレメントとしており、ボードとしての均一性が図られている。しかし、エレメントが小さく、強度面から考えて軸材としての利用はこれまでされてこなかった。新しく開発が進められているリサイクルエンジニアードウッド(REW)[5]と称される木質材料は木質系廃材をクラッシャー等で一次破砕したエレメントをそのまま用い、接着剤塗布後、ホットプレスあるいはスチームインジェクションプレスにより熱圧成形された軸材あるいは面材料である(図6-2-5)。この木質材料の性能はエレメントの長さ、アスペクト比、配向度および製品密度等に依存するが、SPF

図6-2-5 リサイクルエンジニアードウッド(左)とそのエレメント(右)

材(枠組壁工法構造用製材 甲種2級)のJIS Z 2101による試験結果に匹敵する性能も得られている。今後、枠組壁工法の小断面のフレーム用軸材、柱等への利用が期待される。

b) ボード類の再生利用

2010年における木材の目標再資源化等率は95％に掲げられており、柱や板材などのSolid woodだけではなく、PBやFBも再資源化しなければならない可能性がある。もちろん、サーマルリサイクルという方法もあるが、PBやFBを再度PBやFBとして再生利用する技術開発も行われている[6-9]。

PBやFB等のボード類のエレメントは特に表層に近い部位では製造時に大きな圧縮変形を受けており、そのまま破砕してもその圧縮変形はほとんど解放されず、細かなエレメントや接着剤によって固められた破片が多くなる。得られたエレメントの密度は高くなっているので、元のボードと同じ密度のボードを製造すると、エレメント同士が充分には密着せず、ボードの機械的な性能は元のボードに比べ低くなる。そこで、クラッシャーにより10～20cm角程度の大きさに破砕した後、スチーミング処理を施すことによりボード中の接着剤(ユリア樹脂、メラミン・ユリア共縮合樹脂)を加水分解させてエレメントを分離し、さらにエレメントの圧縮変形をスプリングバックさせることにより元のエレメントに近いものを再生することができる。また、この方法では接着剤が分解されているために弱い衝撃により簡単に細片化でき、FBの場合でもリファイナーを使用する必要が無く、ハンマーミル等で簡単に繊維化できるので、リファイナーの場合ほど異物の混入に神経質になる必要はない。この方法によりUタイプのPBからフェノール樹脂を用いて再生したPBの曲げ強さとスチーミング

第2節 リサイクル(廃材利用)

処理温度の関係を図6-2-6に示す。処理温度が高いほど曲げ強さは高くなる。このような方法によりPBからPBへ、あるいはFBからFBへの再生利用は可能である。また、木材の狂うという欠点はボード製造や再生利用においては熱と水分により圧縮変形やスプリングバックが可能な利点となる。

c) 解体性接着剤(はがせる接着剤)

リサイクルの立場からは、接着していたものが不要になった場合に何らかの刺激を与えることにより容易にはがせる接着剤が理想的である。

最近、加熱することによりはがせる接着剤が開発されている[10]。そのメカニズムは接着剤の中に熱膨張剤を分散させ、加熱によって接着層を膨張させて、界面での接着の破壊あるいは接着層の破壊によりはがすというものである(図6-2-7)。この接着剤は、接着成分としてのビニル共重合体、特殊樹脂エマルジョン(接着性・耐久性付与剤)と、熱膨張成分としての熱膨張型機能材料(熱膨張剤を封印したマイクロカプセル：外殻はアクリル樹脂製)から成る。またエポキシ樹脂と熱膨張性マイクロカプセルの系も開発されている[11]。木質系廃棄物のリサイクルでは面材料等に施された表面加工材、化粧材等の異物の分離・分別が問題になっており、これらへの利用が考えられる。

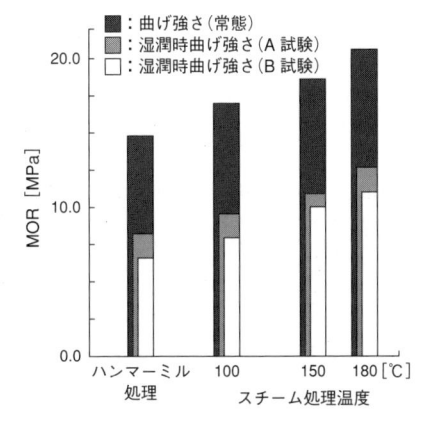

図6-2-6 再生PBの曲げ強さに及ぼすスチーミング処理温度の影響[6]

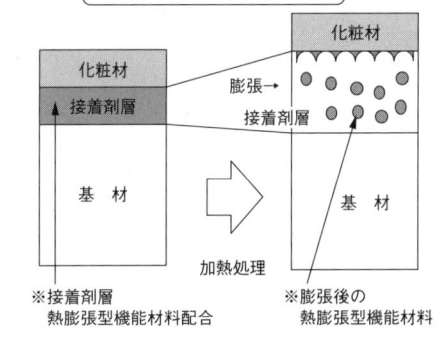

図6-2-7 はがせる接着剤の分離のメカニズム[10]

2.5 おわりに

　木質系廃棄物の再利用・再生利用においてもLCAによる評価が必要である。すなわち、木質系廃棄物の収集、運搬、分別、製造(再生)等の全ての過程で、エネルギー収支、CO_2 や有害物質の放出など、環境負荷を与えないことが重要である。一方、カスケード型利用を考えると、先ず材料として再生利用した後、最後に得られる木粉やダストなどをエネルギーとして利用すれば良いことになる。

　木質系廃棄物をエネルギーとして利用すれば CO_2 の発生は免れず、材料として再生利用すれば CO_2 を固定できることになるが、再生のためのエネルギーも必要である。材料としての利用とエネルギー利用とのバランスが重要であり、また木質系廃棄物の種類や品質による使い分けを考えなければならないであろう。木質系廃棄物の再利用・再生利用に当たってはLCA評価が必要であるが、木材資源が枯渇することのないように、適正な循環利用を続けていくことが重要である。

● 文　献

1) 平成17年度建設副産物実態調査結果、国土交通省(2006)
2) ファイバーボード　パーティクルボード、日本繊維板工業会会報、No. 126(2009)
3) 吉田貴紘：グリーンスピリッツ、**4**(2)、p. 8-11(2008)
4) 大原誠資：森林科学、**51**、p. 56-59(2007)
5) 刈茅孝一：第19回木質ボード・木質複合材料シンポジウム、p. 49-61(2003)
6) 秦野恭典ほか：第52回日本木材学会大会発表要旨集、p. 281(2002)
7) 秦野恭典、Tibor L. Alpar：第21回日本木材加工技術協会年次大会講演要旨集、p. 98-99(2003).
8) Hatano, Y. et al.：*Wood Adheshives 2005*, 439-444(2005)
9) 秦野恭典ほか：日本国特許第3760231　(平成18年1月20日登録)
10) 石川博之：第18回木質ボード・木質複合材料シンポジウム、p. 47-56 (2002)
11) 佐藤千明：日本接着学会誌、**39**、p. 295-301(2003)

参考資料　規格と関連団体

●木材接着に関する主要な規格

(1) 日本工業規格(JIS；Japanese Industrial Standards)

a) 試験・測定方法

接着剤自身の性状と接着した際の接着性能について実施方法を規定している。性状については、密度・粘度・不揮発分等の測定方法が、接着性能については引張せん断・割裂・ホルムアルデヒド放散等の試験方法が記載されている。

JIS A 1901「建築材料の揮発性有機化合物(VOC)、ホルムアルデヒド及び他のカルボニル化合物放散測定方法―小型チャンバー法」
JIS K 6807「ホルムアルデヒド系樹脂木材用液状接着剤の一般試験方法」
JIS K 6800「接着剤・接着用語」
JIS K 6828「合成樹脂エマルジョン」
JIS K 6833「接着剤の一般試験方法」
JIS K 6851「接着剤の木材引張りせん断接着強さ試験方法」
JIS K 6852「接着剤の圧縮せん断接着強さ試験方法」
JIS K 6853「接着剤の割裂接着強さ試験方法」
JIS K 6855「接着剤の衝撃接着強さ試験方法」
JIS K 6856「接着剤の曲げ接着強さ試験方法」
JIS K 6859「接着剤のクリープ破壊試験方法」

b) 接着剤

各種用途に使用する接着剤の品質・性能を規定している。不揮発分、粘度、内容成分等が規定され、測定方法も記載される。

JIS A 5536「床仕上げ材用接着剤」
JIS A 5537「木レンガ用接着剤」

JIS A 5538「壁・天井ボード用接着剤」
JIS A 5549「造作用接着剤」
JIS A 5550「床根太用接着剤」
JIS K 6804「酢酸ビニル樹脂エマルジョン木材接着剤」
JIS K 6806「水性高分子-イソシアネート系木材接着剤」

c）接着製品関連
木質接着製品の種類・試験方法等を規定している。種類は、密度・用途・接着剤等で分類される。試験方法には、曲げ・吸水厚さ膨張率・ホルムアルデヒド放散量等が規定され、性能により区分される。

JIS A 5905「繊維板」
JIS A 5908「パーティクルボード」
JIS A 5741「木材・プラスチック再生複合材」

(2) 日本農林規格（JAS；Japanese Agricultural Standard）
木質接着製品の品質・試験方法を規定している。製品寸法や接着の程度、外観の品質などが規定され、曲げ・ホルムアルデヒド放散量など各種試験の方法について記されている。JIS とは扱う木質接着製品が異なる。

「合板の日本農林規格」平成15年2月27日制定
「フローリングの日本農林規格」昭和49年11月13日制定、平成20年6月10日
　　最終改正
「集成材の日本農林規格」平成19年9月25日制定
「単板積層材の日本農林規格」平成20年5月13日制定
「構造用パネルの日本農林規格」昭和62年3月27日制定、平成20年6月10日
　　最終改正

(3) 日本接着剤工業会規格（JAI；Japan Adhesive Industry Association Standards）
接着剤の品質・試験方法を規定している。不揮発分・粘度といった接着剤性状の測定方法、引張せん断・圧縮せん断といった接着性能に関する試験方法がある。

JAI 5-1995「α-オレフィン・無水マレイン酸樹脂木材接着剤」
JAI 6-2001「嫌気性接着剤試験方法」

JAI 7-1999「ホットメルト接着剤試験方法」
JAI 8-1981「α-シアノアクリレート系接着剤」
JAI 12-1996「ウレタン樹脂系建材用接着剤」
JAI 13-1996「エポキシ樹脂系建材用接着剤」
JAI 14-1998「二重床施工用ウレタン樹脂系接着剤」

(4) その他の規格

その他、以下のような海外機関が制定する試験規格も使用される事がある。

ISO（International Organization for Standardization；国際標準化機構）
EN（European Norm；欧州規格）
ASTM（American Society for Testing and Materials；アメリカ材料試験協会規格）
DIN（Deutsche Industrie Normen；ドイツ連邦規格）
BS（British Standards；イギリス国家規格）

●関連団体 （URL は 2009 年 10 月 14 日現在）

日本木材学会	http://www.jwrs.org/
日本接着学会	http://www15.ocn.ne.jp/~adhesion/
(社)日本木材加工技術協会	http://www.jwta.or.jp/
(社)日本木材保存協会	http://www.soc.nii.ac.jp/jwpa/
日本合板工業組合連合会	http://www.jpma.jp/
全国 LVL 協会	http://www.lvl.ne.jp/
日本集成材工業協同組合	http://www.syuseizai.com/
日本繊維板工業会	http://www.jfpma.jp/
日本フローリング工業会	http://www.j-flooring.jp/
日本複合床板工業会	http://www.fukugo-yukaita.jp/
日本接着剤工業会	http://www.jaia.gr.jp/
(社)全国木材組合連合会	http://www.zenmoku.jp/
合成樹脂工業協会	http://www.jtpia.jp/
(財)日本規格協会	http://www.jsa.or.jp/
(社)日本農林規格協会	http://www.jasnet.or.jp/
日本工業標準調査会	http://www.jisc.go.jp
(財)日本合板検査会	http://www.jpic-ew.net/

(財)建材試験センター	http://www.jtccm.or.jp/
(財)ベターリビング	http://www.cbl.or.jp/
(財)日本住宅・木材技術センター	http://www.howtec.or.jp/
(独)森林総合研究所	http://ss.ffpri.affrc.go.jp/
(財)日本木材総合情報センター	http://www.jawic.or.jp/
NPO 木材・合板博物館	http://www.woodmuseum.jp/
農林水産省	http://www.maff.go.jp/
林野庁	http://www.rinya.maff.go.jp/
国土交通省	http://www.mlit.go.jp/
日刊木材新聞社	http://www.n-mokuzai.com/
接着剤新聞	http://adhesive.shinjusha.info/
ウッドミック	http://www.woodmic.com/
国際標準化機構(ISO)	http://www.iso.org/iso/home.htm
アメリカ材料試験協会(ASTM)	http://www.astm.org/

索 引

A ～ Z

accelerated aging test 114
adherend 9
adhesion 9
adhesion failure 76
adhesive 9
aging 126
anchor effect 10
API (aqueous vinyl solution-isocyanate resin)
.... 39, 45
ASTM (American society for testing and materials)
.... 114, 203

bond durability 111
bound water 27

chemical bond 11
closed assembly time 74, 168
cohesion 75
cohesion failure 76
curing 75
curing agent 73

double spread 74

EMC (equilibrium moisture content) 28
EVA (ethylene vinyl acetate copolymer) 46, 47, 64, 164
extender 73

FB (fiber board) 123, 194
filler 73
five links theory 75
free water 27
FSP (fiber saturation point) 28

GL (glued laminated wood) 122
glue line 75
glue mix 73

HB (hard fiber board) 153

IB (insulation fiber board) 153
intermolecular forces 11

JAI (Japan adhesive industry association standards)
.... 61, 99, 202
JAS (Japan agricultural standard) 40, 99, 123, 130, 137, 202
JIS (Japan industrial standards) 42, 99, 123, 147, 154, 161, 171, 186–198, 201

LCA (life cycle assessment) 191
LVL (laminated veneer lumber) 17, 20, 72, 96, 99, 106, 118, 122–124, 129–136, 167

MC (moisture content) 26
MDF (medium density fiberboard) 48, 115, 154–162, 164, 167
MDI (methylene diphenyl diisocyanate) 45, 58
mechanical adhesion 10
MF (melamine-formaldehyde resin) 39
MOE (modulus of elasticity) 30, 109
MOR (modulus of rupture) 109
MUF (melamine-urea-formaldehyde resin) 39, 49, 115

open assembly time 74, 168
OSB (oriented strand board) 99, 123, 147
outdoor exposure test 117

PB (particle board) 123, 194

PF (phenol-formaldehyde resin) ... 39, 50, 107, 115
plasticity 30
pMDI 48, 59, 90, 148, 151, 155
pot life 73
pressing 75, 126
proportional limit 30
POM (particulate organic matter) 182
PVA (polyvinyl alcohol) 44, 46, 47
PW (plywood) 115, 122

REW (recycle engineered wood) 197
RF (resorcinol-formaldehyde resin) 39, 51
RPF (resorcinol-phenol-formaldehyde resin) 39

SBR (styrene-butadiene rubber) 46, 47, 61, 163
shelf life 161
single spread 74
specific adhesion 11
spread 73
strain 30
stress 30
SVOC (semi volatile organic compound) . 182, 187

tackiness 160
thermal deterioration 112
TVOC (total volatile organic compound) 182

UF (urea-formaldehyde resin) 48, 107
ultimate strength 30

VOC (volatile organic compound) 37, 171, 181–189
　――測定法 185
　――放散特性 187
　――放散速度基準 188
VVOC (very volatile organic compound) 182

wettability 12
wood failure 76
WPC 171
WPI (water based polymer-isocyanate adhesive)
　　.. 45

Youngの式 12
Young–Dupréの式 12

ア　行

アクリル樹脂エマルジョン形接着剤 59, 177
アクリル樹脂系接着剤 59
圧縮 (pressing) 74, 75, 96, 97, 126, 141, 176
　――圧力 96
　――時間 97
アフリカ材 22
アミノ基 48
アミン当量 63
α-オレフィン無水マレイン酸樹脂接着剤 61
アンカー効果 (anchor effect) 10
安定剤 60, 65

異種材料 175
イソシアネート 57
板目面 23
一次結合 11
インシュレーションファイバーボード 153

ウエファー 147
ウレタン結合 57
ウレタン樹脂 57
　――系接着剤 36, 41, 57, 59, 65, 82, 148, 155, 164, 177, 178

液滴の接触角 12
エクストルーダー 74, 134
エチレン・酢酸ビニル共重合樹脂エマルジョン
　（EVA） 46
　――形接着剤 38, 39, 64, 164
エポキシ基 62
エポキシ樹脂系接着剤 13, 36, 37, 39, 59, 62, 73, 96, 143, 176, 178, 199
エポキシ当量 63
エマルジョン 37
　――系接着剤 44
エレメント 121–123

オーストラリア材 22
応力 (stress) 29, 30, 113
応力―ひずみ曲線 30
屋外暴露試験 (outdoor exposure test) 117
押し出しプレス 75

索　引

カ　行

カーテンコーター 74
カートリッジガン 175
加圧治具 75
外国産材 15
解体性接着剤 199
開放堆積時間(open assembly time) 74, 95, 168
界面破壊 76
外力 29
化学結合(chemical bond) 11
化学反応型接着剤 39
架橋剤 73
過酸化水素水 44
可使時間(pot life) 73
荷重 29
カゼイングルー 67, 68, 97
可塑剤 60, 65, 66, 94
片面塗布 73, 95
仮導管 23
加熱硬化型接着剤 40
環孔材 25
含脂率 126
含水率(moisture content) 26, 72, 82, 95,
　　　101, 125, 132, 137, 148
　　　適正―― 125

機械的接着説(mechanical adhesion) 10
気乾状態 27
気乾密度 26
揮発性有機化合物(VOC) 37, 181
キャタピラープレス 75
凝集破壊 76
凝集力 76, 77
強制撹拌式 73
極限強さ 30
極性 92
曲面プレス 75

空隙充填性 94, 96
クシ目ごて 175
グルースプレッダー 74
グルーブレンダー 149
グルーミキサー 133
クロロプレンゴム系接着剤 66

形成層 22
結合水 27
結合力 77
欠膠 94
ゲル化時間 54
建設リサイクル法 191
建築解体材 17

コールドプレス 134
硬化(post cure) 75, 161
　　　――温度 91
　　　――剤 39, 51, 55, 62, 73, 90, 92, 94, 133,
　　　　　143, 148, 163, 164
　　　――時間 91
　　　――促進剤 80, 133
　　　――度 91
高揮発性有機化合物(VVOC) 181
高周波加熱法 75, 98, 144
高周波接着 170
構造用集成材 138, 142
合板(plywood) 13, 15, 17, 18, 20, 40, 48, 72,
　　　77, 88, 90, 91, 94-99, 102, 106, 107, 111, 114,
　　　116, 117, 121-123, 125, 126, 129-136, 152, 163,
　　　164, 173, 183, 194
　　　――用原木 16
広放射組織 25
広葉樹 18, 23
糊液(glue mix) 73, 90, 91, 131-134
　　　――作成 133
　　　――配合 133
小形チャンバー法 185
国産材 15, 17
　　　――自給率 15
木口断面 23
コニカル二軸押出し成形機 172
ゴム系接着剤 35, 65
混合系接着剤 35
コンタクト接着 170

サ　行

サーマルリサイクル 196
材料破壊 76
作業環境 97
酢酸ナトリウム 44
酢酸ビニル・アクリル共重合樹脂系接着剤 .. 164

酢酸ビニル樹脂エマルジョン接着剤 36-41, 44, 59, 73, 79, 142, 163, 164
酢酸ビニルモノマー 44
散孔材 25
三断面構造 25
残廃材 17

シアノアクリレート系接着剤 60
湿潤性 81
自動計量混合 73
しゃこまん 75
尺貫法 95
自由水 27
集成材 16-18, 39, 40, 46, 79, 95, 99, 101, 107, 111, 121, 122, 137-146, 194
充填剤(filler) 46, 65, 73, 80, 90, 94
樹幹 22
縮合反応 90
酒石酸 44
樹木の細胞構成 23
準揮発性有機化合物(SVOC) 187
使用環境(A〜C) 39, 131, 138, 142
準揮発性有機化合物(SVOC) 181
常温硬化型接着剤 40
小径間伐材 17
芯材 165
心材部 22
浸せきはく離試験 145
針葉樹 17

水性高分子ーイソシアネート系接着剤 39, 40, 45, 58, 87, 98, 130, 142-145
スギ植林木 17
スキャベンジャー(scavenger) 161
スチレン・ブタジエン共重合樹脂ラテックス (SBR) 163
ストランド 147
スプリングバック 150, 159
スプレーガン 74
スプレッダー 134

製糊 72, 134
静的管路混合式 73
接触角 12, 81
接線断面 23
接着(adhesion) 9

接着加工用材 15
接着機構 9
接着工程 71
接着剤(adhesive) 9
接着性能 99
接着層 75
接着阻害 80
接着耐久性(bond durability) 111
接着破壊(cohesion failure) 76
セルロース 31, 32, 68
繊維板 40, 99, 153
繊維飽和点 28
全乾状態 27
全乾密度 26

ソード単板 95
総揮発性有機化合物(TVOC) 182
早材 22
造作用集成材 138
増粘剤 60
増量剤(extender) 46, 73, 90, 94, 133
側圧プレス 75
促進劣化試験(accelerated aging test) 114
塑性 30

タ 行

大豆グルー 67, 68
堆積時間 74, 95
多孔質材料 10, 60, 89
たて継ぎ 139
炭酸カルシウム 47
弾性率 30
タンニン 69
単板(veneer) 121
単板積層材(LVL) 17, 20, 72, 96, 99, 106, 118, 122-124, 129-136, 167
断面微細構造 24

チップ 147
中質繊維板(MDF) 48, 115, 154-162, 164, 167
抽出成分 80
超異方性材料 23

突き板 40, 95, 163

索　引

添加剤	59
デンシティプロファイル	159
天然系接着剤	67
天然ゴム系接着剤	66
天然木化粧合板	163
道管	24
——配列	25
投錨効果(anchor effect)	10
ドクターロール	74
塗布(付)	73
——量	74, 80, 83, 94, 95, 125, 134, 141

ナ　行

内部はく離	82
ナイフマーク	72
生材状態	28
生材密度	26
南米材	22
南洋材	16, 18
二次結合	11
日本工業規格(JIS)	42, 99, 123, 147, 154, 161, 171, 186-198, 201
日本接着剤工業会規格(JAI)	61, 99, 202
日本農林規格(JAS)	40, 99, 123, 137, 138, 142, 202
ニュージーランド材	22
乳化懸濁	37
ぬれ(wettability)	12, 81
——性	81, 85, 86, 146
熱帯雨林	16
熱圧締	127
熱圧工程	135
熱圧成型	147
熱可塑性エラストマー(ゴム)系接着剤	65
熱可塑性樹脂	36, 172
熱硬化性樹脂	36
——系接着剤	35
熱劣化(thermal deterioration)	112
粘着性(tackiness)	160
粘度	54, 89, 160
年輪	23

ハ　行

パーティクル	121
パーティクルボード	40, 48, 88, 99, 105, 121, 123, 126, 147-152, 163, 164, 194
ハードファイバーボード	153
配向性ストランドボード(OSB)	99
はがせる接着剤	199
はく離強さ試験	105
ハタガネ	75
バッチ式糊液調製工程	73
ハネムーン型接着	74, 170
貼上時間	134
Hankinson式	84
パンク	82
半径断面	23
晩材	23
ひずみ(strain)	29, 30
比接着説(specific adhesion)	11
肥大成長	22
被着材(adherend)	9, 88
——の調整	71
非ホルムアルデヒド系樹脂接着剤	59, 130
比例限度	30
ファイバー	121
ファイバーボード	88, 121, 123, 153, 194
ファイブリンク説	75
ファン・デル・ワールス力	11, 27
フィンガージョイント	139
フェノール	50, 51, 69
——樹脂接着剤	10, 39, 48, 50, 80, 95, 96, 107, 109, 116, 130, 132, 135, 136, 148, 149, 151, 155, 198
フォーミング	127, 149
——マシン	149
付加反応	90
フタバガキ科	19
縁貼り	170
フックの法則	30
フラッシュパネル	165
プリキュア	156
プリント化粧合板	164
ブルーミング	80
フレーク	147

プレス	75
ブレンダー	156
フローコーター	74
分級装置	156
分子間力(intermolecular forces)	11
分子量	92
平滑度	83
平衡含水率	28
閉鎖堆積時間(closed assembly time)	74, 96, 168
平板プレス	75
ヘミセルロース	31, 33
ベルトサンダー	159
辺材部	22
ボード類	17
放射孔材	25
放射組織	24
飽水状態	28
北欧材	20
北米材	16, 20
北洋材	16, 20
保存期間(Shelf life)	161
ホットプレス	135
ホットメルト	170
——系接着剤	38, 64
ポリアミド系接着剤	65
ポリアミン	57
ポリエステル系接着剤	65
ポリオール	57
ポリオレフィン系接着剤	64
ポリ酢酸ビニルエマルジョン樹脂接着剤	44
ポリビニルアルコール(PVA)	44
ポリメリック MDI (pMDI)	48, 59, 90
ホルマリン	49, 51, 52
ホルムアルデヒド	48, 50, 51, 69, 142, 171, 181-186
——系樹脂接着剤	36, 37, 40, 48, 90, 109, 130, 133, 148
——放散量	131, 132, 147, 161, 183
ホワイトウッド	20

マ 行

マイクロ波加熱法	75, 98
柾目	23
マット	149
マテリアルリサイクル	194
水	57, 73, 133
水揮散型接着剤	38
水混和性	53
密度(density)	26, 55
メチロール基	48
メラミン	49
——樹脂接着剤	40, 48, 77, 116, 130, 136, 148, 149, 151, 155
メラミン・ユリア共縮合樹脂接着剤	49, 148, 155, 163
面材	165
木材	15, 26
——の異方性	28
——の引張強度	31
——の化学組成	31
——の含水率	26
——の強度的性質	29
——の需給状況	15
——の種類	15
——の切断面	22
——の曲げ強度	31
——の密度	18, 19, 21, 26
——の輸入状況	16
木質材料	121
木繊維	24
木部破断(wood failure)	76
モルダー	140

ヤ 行

有機溶剤揮散型接着剤	38
遊離ホルムアルデヒド	55
床仕上げ	178
床下地	176
ユリア	48
——樹脂接着剤	48, 54, 77, 79-81, 90, 96, 97, 107, 109, 116, 130, 131, 136, 148, 149, 151, 155, 163, 198
溶剤揮散型接着剤	38
養生(aging)	75, 126, 127, 169

ラ 行

ライフサイクルアセスメント（LCA） 191, 200
ラテックス 37
ラミナ 16-18, 90, 104, 121, 139
ラワン 16, 19

リグニン 31, 34, 69
リサイクルエンジニアードウッド（REW） 197
粒子状物質（POM） 182
両面塗布 74, 95

ルーズサイド 72

冷圧工程 134
レゾルシノール 51, 52
　──樹脂接着剤 39, 40, 51, 79, 80, 83, 96,
　　98, 116, 142-144
レッドウッド 20
連続プレス 75

ロータリーレース 132
ローラプレス 75
ロールコーター 74, 134

英文タイトル
Science and Technology of Wood Adhesion

もくざいせっちゃくのかがく
木材接着の科学

発 行 日	2010年2月10日　初版第1刷
定　　価	カバーに表示してあります
編　　者	作 野 友 康 ©
	高 谷 政 広
	梅 村 研 二
	藤 井 一 郎
発 行 者	宮 内 　 久

海青社
Kaiseisha Press

〒520-0112　大津市日吉台2丁目16-4
Tel. (077)577-2677　Fax. (077)577-2688
http://www.kaiseisha-press.ne.jp
郵便振替　01090-1-17991

● Copyright © 2010 T. Sakuno　● ISBN978-4-86099-206-4 C3058
● 乱丁落丁はお取り替えいたします　● Printed in JAPAN

◆ 海青社の本・好評発売中 ◆

生物系のための 構造力学
竹村冨男 著

材料力学の初歩、トラス・ラーメン・半剛節骨組の構造解析、およびExcelによる計算機プログラミングを解説。また、本文中で用いた計算例の構造解析プログラム（マクロ）は、実行・改変できる形式で添付のCDに収録した。
〔ISBN978-4-86099-243-9／B5判・315頁・定価4,200円〕

森をとりもどすために
林 隆久 編

森林の再生には、植物の生態や自然環境にかかわる様々な研究分野の知を構造化・組織化する作業が要求される。新たな知の融合の形としての生存基盤科学の構築を目指す京都大学生存基盤科学研究ユニットによる取り組みを紹介する。
〔ISBN978-4-86099-245-3／四六判・102頁・定価1,100円〕

強化プラスチックの進歩
森本尚夫 著

強化プラスチック（FRP）は、金属材料などとは違い、最終製品の性能を成形段階ですべて作りこむことに特徴がある材料である。各種の成形法について過去50年の変遷を概説すると共に今後の展望を語る。
〔ISBN978-4-86099-214-9／B5判・117頁・定価5,250円〕

南洋材の識別／英文版 Identification of the Timbers of Southeast Asia and the Western Pacific
緒方 健・藤井智之・安部 久・P.バース 著

『南洋材の識別』（日本木材加工技術協会、1985）を基に、新たにSEM写真・光学顕微鏡写真約2000枚を加え、オランダ国立植物学博物館のP. Baas氏の協力も得て編集。南洋材識別の新たなバイブルの誕生ともいえよう。（英文版）
〔ISBN978-4-86099-244-6／A4判・408頁・定価6,300円〕

木の文化と科学
伊東隆夫 著

遺跡、仏像彫刻、古建築といった「木の文化」に関わる三つの主要なテーマについて、研究者・伝統工芸士・仏師・棟梁など木に関わる専門家による同名のシンポジウムを基に最近の話題を含めて網羅的に編纂した。
〔ISBN978-4-86099-225-5／四六判・220頁・定価1,890円〕

木育のすすめ
山下晃功・原 知子 著

「食育」とともに「木育」は、林野庁の「木づかい運動」、新事業「木育」、また日本木材学会円卓会議の「木づかいのススメ」の提言のように国民運動として大きく広がっている。さまざまなシーンで「木育」を実践する著者が知見と展望を語る。
〔ISBN978-4-86099-238-5／四六判・142頁・定価1,380円〕

ものづくり 木のおもしろ実験
作野・田中・山下・番匠谷 編

木のものづくりと木の科学をイラストでわかりやすく解説。手軽な実習・実験で楽しみながら木工の技や木の性質について学び、循環型社会の構築に欠くことのできない資源でもある「木」を体験的に理解する。木工体験のできる104施設も紹介。
〔ISBN978-4-86099-205-7／A5判・109頁・定価1,470円〕

針葉樹材の識別 IAWAによる光学顕微鏡的特徴リスト
IAWA委員会編／伊東・藤井・佐野・安部・内海 訳

IAWAの"Hardwood list"と対を成す"Softwood list"の日本語版。現生木材、考古学的木質遺物、化石木材の樹種同定等に携わる人にとって、『広葉樹材の識別』と共に必備の書。124項目の木材解剖学的特徴（写真74枚）。原者版は2004年刊。
〔ISBN978-4-906165-77-3／B5判・144頁・定価2,500円〕

広葉樹材の識別 IAWAによる光学顕微鏡的特徴リスト
IAWA委員会編／伊東隆夫・藤井智之・佐伯浩 訳

IAWA（国際木材解剖学者連合）の"Hardwood List"の日本語版。簡潔かつ明白な定義（221項目の木材解剖学的特徴リスト）と写真（180枚）は広く世界中で活用されている。日本語版出版に際し付した「用語および索引」は大変好評。原著版は1989年刊。
〔ISBN978-4-906165-77-3／B5判・144頁・定価2,500円〕

木材の塗装
木材塗装研究会 編

より美しく、より高性能の塗装を行うには木材の性質、塗料、塗装方法などのあらゆる知識が必要である。本書は木材塗装に関するわが国唯一の公的研究会による、基礎から応用、実務までの解説書。巻末に「索引と用語解説(23頁)」付。
〔ISBN978-4-86099-208-8／A5判・297頁・定価3,675円〕

木材乾燥のすべて
寺澤 眞 著 【改訂増補版】

「人工乾燥」は、今や木材加工工程の中で、欠くことのできない基礎技術である。本書は、図267、表243、写真62、315樹種の乾燥スケジュールという圧倒的ともいえる豊富な資料で「木材乾燥技術のすべて」を詳述する。増補19頁。
〔ISBN978-4-86099-210-1／A5判・737頁・定価9,990円〕

＊表示価格は5％の消費税込

◆ 海青社の本・好評発売中 ◆

広葉樹の育成と利用
鳥取大学広葉樹研究刊行会 編

戦後におけるわが国の林業は、あまりにも針葉樹一辺倒であり過ぎたのではないか。全国森林面積の約半分を占める広葉樹林の多面的機能（風致、鳥獣保護、水土保全、環境など）を総合的かつ高度に利用することが、強く要請されている。
〔ISBN978-4-906165-58-2／A 5 判・205 頁・定価 2,835 円〕

樹木の顔 抽出成分の効用とその利用
編集／日本木材学会抽出成分と木材利用研究会
編集代表／中坪文明

日本産樹種を中心に、Chemical Abstractsから1991～1998年に掲載の54科約180種について科名・属名で検索した約2万件から、特に抽出成分関連の約6,000件の報告を科別に研究動向、成分分離と構造決定、機能と効用、新規化合物についてまとめた。
〔ISBN978-4-906165-85-8／B 5 判・384 頁・定価 4,900 円〕

木質の形成 バイオマス科学への招待
福島・船田・杉山・高部・梅澤・山本 編

木質とは何か。その構造、形成、機能を中心に最新の研究成果を折り込み、わかりやすくまとめた。最先端の研究成果も豊富に盛り込まれており、木質に関する基礎から応用研究に従事する研究者にも広く役立つものと確信する。
〔ISBN978-4-86099-202-6／A 5 判・384 頁・定価 3,675 円〕

木材の基礎科学
日本木材加工技術協会 関西支部 編

木材に関連する基礎的な科学として最も重要と考えられる樹木の成長、木材の組織構造、物理的な性質などを専門家によって基礎から応用まで分かりやすく解説した初学者向きテキスト。
〔ISBN978-4-906165-46-9／A 5 判・156 頁・定価 1,937 円〕

キノコ学への誘い
大賀祥治 編

魅力的で不思議がいっぱいのキノコワールドへの招待。さまざまなキノコの生態・形態・栽培法・効能など、最新の研究成果を豊富な写真と図版で紹介する。キノコの楽しい健康食レシピも掲載。口絵カラー7頁。
〔ISBN978-4-86099-207-1／四六判・189 頁・定価 1,680 円〕

住まいとシロアリ
今村祐嗣・角田邦夫・吉村剛 編

シロアリという生物についての知識と、住まいの被害防除の現状と将来についての理解を深める格好の図書であることを確信し、広範囲の方々に本書を推薦します。（高橋旨象／京都大学名誉教授・(社)しろあり対策協会会長）
〔ISBN978-4-906165-84-1／四六判・174 頁・定価 1,554 円〕

国宝建築探訪
中野達夫 著

岩手県の中尊寺金色堂から長崎県の大浦天主堂まで、全国125カ所、209件の国宝建築を写真420枚に収録。木材研究者の探訪記。制作年から構造、建築素材、専門用語も解説。木を愛し木を知り尽くした人ならではのユニークなコメントも楽しめる。
〔ISBN978-4-906165-82-7／A 5 判・310 頁・定価 2,940円〕

樹体の解剖 しくみから働きを探る
深澤和三 著

樹の体のしくみは動物のそれよりも単純といえる。しかし、数千年の樹齢や百数十メートルの高さ、木製品としての多面性など、ちょっと考えるだけで樹木には様々な不思議がある。樹の細胞・組織などのミクロな構造から樹の進化や複雑な機能を解明。
〔ISBN978-4-906165-66-7／四六判・199 頁・定価 1,600 円〕

木材科学講座（全12巻）　□は既刊

巻	書名	価格・ISBN	巻	書名	価格・ISBN
1	概論	定価 1,953 円　ISBN978-4-906165-59-9	7	乾燥	（続刊）
2	組織と材質	定価 1,937 円　ISBN978-4-906165-53-7	8	木質資源材料 改訂増補	定価 1,995 円　ISBN978-4-906165-80-3
3	物理 第2版	定価 1,937 円　ISBN978-4-906165-43-8	9	木質構造	定価 2,400 円　ISBN978-4-906165-71-1
4	化学	定価 1,835 円　ISBN978-4-906165-44-5	10	バイオマス	（続刊）
5	環境 第2版	定価 1,937 円　ISBN978-4-906165-89-6	11	バイオテクノロジー	定価 1,995 円　ISBN978-4-906165-69-8
6	切削加工 第2版	定価 1,932 円　ISBN978-4-86099-228-6	12	保存・耐久性	定価 1,953 円　ISBN978-4-906165-67-4

＊表示価格は 5 ％の消費税込

◆ 海青社の電子刊行物・好評発売中 ◆

● 日本木材学会創立50周年記念

日本木材学会 論文データベース 1955-2004

木材学会誌／Journal of Wood Science

日本木材学会 編
CD-ROM 4枚、冊子B5判268頁、定価28,000円（税込）

◆ 木材学会の研究成果のすべてを座右に置く！◆
・木材学会誌に発表された50年間の論文をPDFファイルで収録！
・35,414頁、収録論文5,515本を4枚のCD-ROMに収録！
・充実した検索機能で様々な論文検索が可能！

Windows & MacOS

CDブック 日本の海浜地形
福本 紘 著　CD-ROM版／Win・Mac

北海道宗谷岬から沖縄石垣島まで、30地域・252調査地点の海浜地形の地形、植生データからその地域的な特徴と環境との関係を地理学的手法で明らかにする。地理学、植物学、海岸工学などの研究者にとって好適の書。
〔ISBN978-4-86099-902-9／A5判CD1枚・定価5,250円〕

CDブック ハウスクリマ 住居気候を考える
磯田・久保・松原 編　CD-ROM版／Win・Mac

住居気候研究に関する最高のデータベース。キーワード、執筆者等で検索可能。伝統民家の住居気候／住居気候の建築的調整／冷暖房と住居気候／空気・湿気環境と住居気候／住まい方と省エネルギー対応による住居気候／住居気候の人体影響
〔ISBN978-4-86099-901-0／A5判CD1枚・定価7,350円〕

PDF版 樹木の顔 抽出成分の効用とその利用
編集／日本木材学会抽出成分と木材利用研究会
編集代表／中坪文明

日本産樹種を中心に、Chemical Abstractsから1991～1998年に掲載の54科約180種について科名・属名で検索した約2万件から、特に抽出成分関連の約6,000件の報告を科別に研究動向、成分分離と構造決定、機能と効用、新規化合物についてまとめた。
〔ISBN978-4-86099-910-0／CD-R・380頁・定価3,885円〕

PDF版 広葉樹材の識別 IAWAによる光学顕微鏡的特徴リスト
IAWA委員会編／伊東隆夫・藤井智之・佐伯浩 訳

IAWA（国際木材解剖学者連合）の"Hardwood List"の日本語版。簡潔かつ明白な定義（221項目の木材解剖学的特徴リスト）と写真（180枚）は広く世界中で活用されている。日本語版出版に際し付した「用語および索引」は大変好評。原著版は1989年刊。
〔ISBN978-4-86099-907-0／CD-R・142頁・定価2,500円〕

PDF版 針葉樹材の識別 IAWAによる光学顕微鏡的特徴リスト
IAWA委員会編／伊東・藤井・佐野・安部・内海 訳

IAWAの"Hardwood list"と対を成す"Softwood list"の日本語版。現生木材、考古学的木質遺物、化石木材の樹種同定等に携わる人にとって、『広葉樹材の識別』と共に必備の書。124項目の木材解剖学的特徴リスト（写真74枚）。原著版は2004年刊。
〔ISBN978-4-86099-908-7／CD-R・86頁・定価2,310円〕

PDF版 近代日本の地域形成 歴史地理学からのアプローチ
山根 拓・中西僚太郎 編著

近年、戦後日本の国の在り方を見直す声・動きが活発化してきている。本書は、多元的なアプローチ（農業・景観・温泉・銀行・電力・石油・通勤・運河・商業・都市・植民地など）から近代日本の地域の成立過程を解明する。
〔ISBN978-4-86099-909-4／CD-R・260頁・定価4,568円〕

PDF版 地図で読み解く日本の地域変貌
平岡昭利 編

古い地形図と現在の地形図の「時の断面」を比較することにより、地域がどのように変貌してきたのかを視覚的にとらえる。全国で111ヵ所を選定し、それぞれの地域に深くかかわってきた研究者が解説。「考える地理」への基本的な書物として推薦する。
〔ISBN978-4-86099-912-4／CD-R・333頁・定価3,200円〕

＊表示価格は5％の消費税込。PDF版は直販のみのお取り扱い